TRAITÉ PRATIQUE

DES

FEUX D'ARTIFICE.

TRAITÉ PRATIQUE

DES

FEUX D'ARTIFICE,

POUR LE SPECTACLE

ET POUR LA GUERRE,

Avec les petits Feux de table, et l'Artifice à l'usage des Théâtres.

PAR A. M. TH. MOREL.

A PARIS,

Chez FIRMIN DIDOT, libraire pour les Mathématiques, la Marine et l'Architecture, rue de Thionville, n.os 116 et 1850.

AN IX. — 1800.

TRAITÉ PRATIQUE
DES
FEUX D'ARTIFICE.

CHAPITRE PREMIER.

Du Magasin.

Le local que l'on destine pour servir de magasin et travailler aux artifices, doit être planchéyé, situé, autant que possible, au nord ou au midi, et éloigné des endroits où l'on fait du feu.

Il faut, 1.° un billot de bois dur, de vingt pouces de haut sur neuf de diamètre, scellé en terre de six pouces. (Pl. 1, fig. 1.re) 2.° Deux tables, l'une d'environ quatre pieds de long sur deux de large, et d'un pouce d'épaisseur, supportée par quatre pieds solides de vingt-six pouces de hauteur, pour rouler les cartouches; l'autre de trois pieds quarrés et de même hauteur, mais moins forte, pour monter les pièces, et faire les autres ouvrages. 3.° Plusieurs étagères propres à recevoir des bouteilles de limaille et boîtes de matières. 4.° Des clous à crochets de distance en distance, pour mettre des liasses de cartouches et des pièces, etc.

5.° Plusieurs boîtes ou pots de terre vernissés, pour conserver à part le salpêtre, le soufre, le charbon et le poussier.

De l'Outillage.

Un outillage complet n'est pas une petite affaire. Les amateurs qui savent tourner, et qui veulent s'amuser de l'artifice, doivent avoir un tour pour faire eux-mêmes une grande partie de ce qui leur est nécessaire; c'est le moyen le plus sûr et le plus économique : car on peut avoir, surtout dans les campagnes, des tourneurs ineptes. Il est alors difficile de parvenir à une exécution parfaite. Celui qui tourne ses outils et qui fait lui-même son carton, peut composer de l'artifice à très-bon marché.

Les baguettes à rouler se tournent de la même forme que la figure 2 de la planche 1.re, et de plusieurs calibres, savoir :

1°. Une de seize lignes de diamètre et de deux pieds de longueur, avec la poignée A de cinq pouces en sus.

Une *idem* de quinze lignes, de même longueur que la précédente, et sa poignée aussi de même.

Une *idem* d'un pouce et de dix-huit pouces de longueur, avec sa poignée de quatre pouces.

Une *idem* de dix lignes, et de même longueur que la précédente, avec sa poignée *idem*.

Une *idem* de huit lignes et de quinze pouces de long, avec une poignée *idem*.

Une *idem* de six lignes et d'un pied de long, avec une poignée de trois pouces et demi.

Une *idem* de cinq lignes et de même longueur que la précédente.

Une *idem* de quatre lignes, et de dix pouces de long.

Une *idem* de six lignes, et de vingt pouces de long.

Rouleaux pour Pots à feu.

2.° Un rouleau de quatre pouces de diamètre et de deux pieds de long, avec une poignée moins grosse pour le rendre maniable. (Pl. 1.re fig. 3.)

Un *idem* de trois pouces de diamètre et d'un pied six pouces de long, avec une poignée de même que la précédente.

Un *idem* de deux pouces, et de même longueur que ce dernier.

Varlopes.

3.° Les varlopes portent ce nom, parce qu'elles ressemblent assez, par leur forme et la manière de s'en servir, à celles des menuisiers, à l'exception qu'elles sont plus larges et qu'elles n'ont point de fer. Leur usage est de serrer les cartouches en les roulant avec. Il faut en avoir deux, l'une de trente pouces de long sur huit de large et un d'épaisseur, en bois de noyer, portant à une extrémité dans le milieu une poignée, et à l'autre un bouton en forme de champignon. (Voyez les figures 4 et 5 de la planche 1.re) La seconde doit être de six pouces et demi de large et de vingt-huit pouces de longueur. La première sert pour rouler les grosses cartouches, et l'autre pour les moyennes et les petites.

Tamis.

4.° Un tambour de parfumeur, garni de cinq tamis : deux de gaze de soie, l'un de la plus fine gaze d'Italie, et l'autre plus clair ; et trois de crin, le premier d'un tissu fort serré, le second plus clair, et le troisième encore plus clair, pour passer le charbon des fusées volantes et faire le mélange des compositions.

5.° Une table de deux pieds quarrés en bois de noyer ou d'orme, de deux pouces d'épaisseur, avec des rebords de deux pouces de saillie (pl. 1.re fig. 6); et une molette de huit pouces de long sur trois pouces quarrés, pour broyer la poudre et le salpètre. (pl. 1.re fig. 7.)

Pour plus de sûreté, on bat la poudre dans un sac de basane, bien cousu, avec une batte semblable à celles aveclesquelles on bat le plâtre. Il y a des sacs depuis dix jusqu'à cent livres; on leur donne la forme d'une poire à poudre. (Pl. 1.re fig. 8.)

6.° Un baril du contenu de vingt-cinq livres de poudre.

7.° Des bouteilles neuves pour conserver les limailles, la fonte, le cuivre et le zinc.

8.° Un mortier de fonte, avec un pilon de même métal.

9.° Une chaudière de cuivre du contenu de deux seaux, pour réduire le salpêtre en farine.

10.° Une paire de balances et des poids.

11.° Un compas courbe et un droit.

12.° Quelques poinçons comme la figure 9, planche 1.re

13.° Un écrémoire. C'est un morceau de cuivre de la largeur de deux cartes à jouer, et extrêmement mince, pour ramasser les compositions.

14.° Quelques pattes de lièvre pour balayer les tables, et ramasser les compositions sur l'écrémoire.

15.° Un couteau, et des ciseaux grands et petits.

16.° Des brosses et des pinceaux pour coller.

17.° Deux scies, une grande, et l'autre faite d'un ressort de pendule, pour rogner les grosses cartouches.

18.° Quelques feuilles de parchemin pour faire les compositions.

19.° Des vrilles de plusieurs grosseurs.

20.° Un assortiment de fil, de ficelle et filagore.

On nomme filagore du moyen cordeau qui sert à étrangler les cartouches.

21.° Les outillages de fusées volantes, jets de feu, et autres artifices de garnitures, seront détaillés chacun à leur article.

22.° Un assortiment de clous, pointes de Paris, colle forte, limes, rapes à bois, marteau, tenailles, pinces plates, fil de fer de plusieurs grosseurs, avec un petit étau de serrurier.

23.° Deux plats de terre vernissés pour faire les compositions en pâte.

24.° Une boîte ouvrante, de six pieds de long sur six pouces quarrés, pour serrer la mèche.

25°. Trois maillets en buis ou en gaïac, dont un de quatre pouces de diamètre sur six de long, avec un manche proportionné (pl. 1.re fig. 10); l'autre, de trois pouces sur cinq de long; et le troisième, de deux pouces sur quatre de long.

26.° Un godet pour faire fondre la gomme arabique.

27.° Un petit plat de terre, pour conserver toujours de la pâte d'amorce.

Du Carton, et de la manière de le faire bon et propre à former des cartouches.

Le carton, appelé carte de moulage, se fait avec de fort papier blanc: on le colle en cinq feuilles; c'est le plus en usage. On en fait en six, sept et huit; mais il ne sert que pour les cartouches au dessus de dix-huit lignes, et pour les pots à feu.

La manière de le faire est fort simple. On fait de bonne colle de farine bien cuite, ni trop claire ni trop épaisse ; et, pour en extraire les parties qui ne seraient pas bien délayées, on la passe dans un tamis de crin : on étend une feuille de papier sur une table unie, et on la colle avec une brosse de poil de porc ; une autre de même, et ainsi jusqu'au nombre de cinq : à cette cinquième, on en met deux ensemble, et on les colle ensuite; et toujours de cinq en cinq, deux. On comprend facilement que ces deux que l'on met ensemble, sont la séparation de chacun des cartons. On peut en coller ainsi, les uns sur les autres, jusqu'à deux ou trois cents ; après quoi il faut les mettre en presse pendant cinq heures, pour extraire la colle et les rendre unis. A défaut de presse, on les met entre deux tables, et on les charge autant que l'on peut. Avant de les sortir, on étend des cordes dans un endroit fermé, pour les y accrocher par les coins avec de petits crochets de laiton : lorsqu'ils sont bien secs, on les remet en presse, pour leur faire perdre la courbure qu'ils auraient prise en séchant. Il faut les visiter avant de les employer ; ceux qui sont plissés ou mal collés, sont de rebut et ne valent rien pour les cartouches ; on s'en sert pour les marrons et diverses bagatelles qui sont sans conséquence.

On fait du carton en trois feuilles pour les pots et chapiteaux des fusées volantes. Il se fait de même que le précédent, à l'exception qu'à la troisième feuille on en met deux ensemble, ainsi de suite.

Du Papier.

On emploie plusieurs sortes de papier dans l'artifice. Pour blanchir les cartouches et rouler le petit artifice, on se sert de papier blanc sans marque ; pour les porte-feux, de papier basane ; et pour couvrir les communications et les jointures, et les garantir du feu, on se sert de papier de soie gris, autrement appelé papier à perruque.

On se procure de vieux papier que l'on achète à la livre, pour couvrir les marrons ; et pour plusieurs choses, on peut se passer de papier blanc, que l'on n'emploie que pour plus de propreté, le papier écrit faisant le même usage.

Du moulage des Cartouches.

Les cartouches sont de figure cylindrique. On les forme en roulant le carton sur une baguette. Lorsqu'on a coupé le carton de grandeur, on le présente sur le travers de la baguette et on le roule ; on le serre ensuite avec la varlope, en faisant le même manège qu'un menuisier qui rabote, à l'exception qu'on la soulève en ramenant, parce que si l'on appuyait, on déroulerait au lieu de rouler ; cela est très-facile à comprendre. Pour mettre la cartouche d'épaisseur, ce qui est absolument nécessaire pour les fusées volantes, on se sert d'un compas courbe que l'on ouvre à son diamètre juste : lorsque la cartouche est à sa grosseur, on la roule dans une feuille de papier dont on colle la moitié du dernier tour, appelé, en terme de l'art, dernière révolution. Cette feuille de papier sert en quelque sorte de ligature à la cartouche, et empêche que le carton, qui est toujours roide et qui fait ressort, ne se déroule.

Les cartouches de fusées volantes demandent beaucoup de précautions pour les bien faire. Elles doivent être collées entièrement. Pour cela, on étend de la colle sur les cartons à mesure que l'on roule, et l'on donne beaucoup plus de coups de varlope qu'aux autres cartouches, afin de les serrer de manière à ce qu'elles fassent corps; il faut aussi frotter la baguette avec un peu de savon, pour qu'elle sorte plus facilement. Les autres cartouches se roulent à sec, c'est-à-dire qu'on ne les colle pas.

De l'épaisseur des Cartouches.

L'épaisseur des cartouches se prend sur leur diamètre intérieur, c'est-à-dire, sur celui de la baguette à rouler.

La règle générale pour toutes les fusées volantes,

est de donner d'épaisseur à leurs cartouches la moitié du diamètre du rouleau : ainsi, si le rouleau a huit lignes de diamètre, les cartouches en auront quatre d'épaisseur. Une fusée se partage donc en trois parties égales, deux pour le diamètre intérieur, et une pour l'épaisseur de sa cartouche : il résulte delà qu'une fusée d'un pouce a huit lignes de diamètre intérieur.

Il n'en est pas de même des autres cartouches pour les jets de feu : on prend les deux tiers de leur diamètre intérieur pour leur épaisseur ; par exemple, sur un rouleau de six lignes, on donne quatre lignes d'épaisseur; par conséquent la cartouche finie doit avoir dix lignes de diamètre.

Les cartouches des tourbillons ou fusées de table, se font de même épaisseur que celles des fusées volantes; mais on leur donne onze diamètres extérieurs de longueur.

De la longueur des Cartouches.

Les cartouches des fusées volantes se règlent sur la longueur de la broche : on leur donne un tiers en sus, parce qu'il faut un diamètre un quart, environ, pour l'étranglement, et le reste pour le massif. On appelle massif ce que l'on charge au dessus de la broche, et qui n'est pas percé.

Les cartouches pour les jets de feu destinés

aux pièces tournantes, se font de six pouces de long; et celles pour les pièces fixes, de sept et huit pouces.

De l'étranglement des Cartouches.

On a toujours étranglé les cartouches depuis que l'artifice est connu. C'est la meilleure méthode, à la vérité, pour les fusées volantes et les tourbillons; mais quant aux jets, on a trouvé un expédient beaucoup plus prompt et moins fatigant. Je reviens à l'étranglement. Il ne faut pas attendre que les cartouches soient entièrement sèches; il suffit qu'elles le soient à moitié. On prend un bout de filagore de grosseur proportionnée à la cartouche, et on l'arrête bien ferme à un crampon scellé dans le mur; on l'attache aussi de même, environ à la longueur de trois pieds, à un fort bâton que l'on se passe entre les cuisses. Après avoir bien frotté le filagore de savon, on fait un tour sur la cartouche, et on la serre doucement, en avançant et en reculant, jusqu'à ce qu'elle soit presqu'entièrement fermée. Il faut avoir attention que la gorge ne plisse pas grossièrement d'un côté, et qu'elle se fasse bien régulière; car ce serait un défaut qui ferait infailliblement crever la fusée.

Lorsque toutes les cartouches sont étranglées, on les lie en faisant, autour de la gorge, sept à huit boucles de petite ficelle, et on les pend ensuite à l'ombre, pour les laisser sécher. (Voyez la fig. 11, pl. 1.re pour une cartouche étranglée et liée.)

Quant aux jets et gerbes de feu, on ne les étrangle plus. On a un culot à tête plate, en fer ou en cuivre, mais mieux en fer, qui porte une petite broche d'un diamètre et demi de long et d'un quart de diamètre de grosseur. Ce culot porte en contrebas une vis à bois, que l'on fait entrer dans un gros billot dont il a déja été parlé pour cet usage. (Voyez la fig. 1.re pl. 1.re pour le billot; et la fig. 12, pl. *idem*, pour le culot.)

On a de bonne terre à fayence que l'on fait sécher, et passer ensuite dans le premier tamis de crin. On pose la cartouche vide sur le culot, et l'on y introduit une cuillerée de cette terre que l'on bat de vingt coups bien appliqués, avec un maillet de grosseur proportionnée, sur une baguette percée pour recevoir le bout de la broche. On retire la cartouche, et l'on continue de même.

Les cartouches ainsi terrées peuvent resservir, lorsqu'elles ne sont pas roulées à la colle. J'ai dit, à l'article du moulage, que celles des jets ne se collaient pas.

Les cartouches des chandelles romaines se font de même épaisseur que celles des fusées volantes, et de quinze pouces de long, ainsi que celles des mosaïques simples. On les étrangle, et l'on coupe l'excédent de la ligature.

Celles des serpenteaux se font avec une ou deux cartes à jouer, que l'on roule en travers sur une baguette de bois, de cuivre ou de fer, de trois lignes de diamètre sur quatre pouces de long, afin de pouvoir la tenir, les cartes ayant ordinairement trois pouces ; ce qui fait juste la longueur du serpenteau. Quelques personnes les collent entièrement. La méthode n'est pas mauvaise ; mais je trouve beaucoup plus commode de les rouler à sec, d'autant qu'ils font le même effet. On coupe autant de morceaux de papier, assez longs pour faire quatre à cinq révolutions sur la cartouche, que l'on a de cartes, et on les arrange les uns sur les autres, en les laissant déborder de deux à trois lignes, que l'on colle : on roule ensuite la carte ; on met le papier que l'on plie en deux, environ aux deux tiers, et l'on achève de rouler ; puis l'on serre de deux ou trois coups avec une petite planche ou varlope, que l'on fait exprès, de sept à huit pouces de long sur trois et demi de large et d'un d'épaisseur. Lorsque toutes les cartouches sont roulées, on les ébarbe avec des ciseaux, on les étrangle, et on les lie : on coupe ensuite avec un couteau l'excédent de la ligature ; et l'on a soin, lorsque l'on coupe du papier, du carton, ou que l'on rogne des cartouches pleines ou vides, de passer la lame du couteau chaque fois dans le savon.

Les lances d'illumination se roulent de même

longueur et de même diamètre que les serpenteaux. Elles se font de trois révolutions de papier simplement. On le coupe d'abord de grandeur ; on l'arrange et on le colle de même manière que ci-dessus : on prend une des bandes ; on pose la baguette environ au quart ; on rabat ce quart par dessus, et l'on roule sans trop serrer : on retire ensuite un peu la baguette, pour pouvoir mettre de la colle à un des bouts, et le tortiller en frappant sur la table : pour le fermer, on retire entièrement la baguette, et l'on continue.

Les autres lances que l'on nomme de service, parce qu'elles servent à mettre le feu aux artifices, ne diffèrent de celles-là que par leur épaisseur et leur longueur. On leur donne quinze pouces de long et cinq révolutions de papier. Elles se font de même que les autres sur une baguette, de trois lignes et demie de diamètre et de dix-huit pouces de longueur.

Les porte-feux se font aussi de la même manière, excepté qu'ils ne sont pas fermés par le bout. On les nomme porte-feux, parce qu'ils servent à porter le feu d'un endroit à un autre. On en fait ordinairement trois dans une feuille de papier basane, que l'on coupe en travers, et que l'on arrange, colle et roule comme les lances, mais sur une baguette de deux lignes et demie de diamètre et de vingt pouces de long.

Les étoiles fixes se font avec du carton ordinaire, de même épaisseur que les fusées volantes, et de trois pouces et demi de long, sur une baguette de six lignes de diamètre. On les colle entièrement avec de bonne colle de farine mêlée d'argile; on les étrangle, on les lie, et l'on coupe l'excédent de la ligature.

CHAPITRE II.

Des Matières dont on compose les Feux d'artifice.

Les matières principales que l'on emploie dans l'artifice, sont le salpêtre, le soufre, le charbon et la poudre. Il faut, avant de s'en servir, s'assurer de leur bonne qualité.

Du Salpêtre, et de la manière de le préparer.

Le salpêtre, qui est l'ame de l'artifice, pour y être employé, doit être au moins de trois cuites. Il est ordinairement bon lorsqu'il est dur, clair, transparent et en aiguilles cristallisées. Pour connaître sa bonne qualité, il suffit d'en mettre une pincée sur une planche bien nette, et d'y mettre le feu avec un charbon ardent. S'il s'élève une flamme vive qui le consume tout, et qu'il ne laisse qu'une petite place blanche, c'est une marque qu'il est bien purifié ; mais si, au contraire, la flamme a de la peine à s'élever à travers un bouillon épais, et qu'il laisse, après être consumé, une crasse verte et jaunâtre, c'est une preuve qu'il est encore chargé de matières bitumineuses, et qu'il faut une autre cuite pour le purger totalement des matières grasses et terreuses qu'il contient.

Lorsque le salpêtre est reconnu bon, il n'est pas encore prêt à être employé ; il faut le réduire en farine, et y procéder de la manière suivante :

On le concasse d'abord avec un maillet, pour le mettre sécher sur un petit feu de charbon, dans une chaudière de cuivre où l'on le remue jusqu'à ce qu'il devienne fort blanc ; alors on verse dessus autant d'eau pure qu'il en faut pour le faire fondre ; et lorsqu'il a acquis la consistance d'une liqueur fort épaisse, et qu'il commence à bouillonner, on le remue continuellement et le plus vîte possible, avec un bâton coupé en forme de palette, jusqu'à ce qu'il soit réduit en farine blanche, fine et fort sèche, observant de diminuer le feu à mesure qu'elle se formera. Il faut, avant qu'il soit tout-à-fait froid, le passer dans le second tamis de soie, et le serrer dans une boîte.

Cette préparation du salpêtre est la plus commode et la plus avantageuse, en ce qu'elle épargne la peine de le piler, et qu'elle le dépouille entièrement de toutes ses parties humides.

Du Soufre.

La fleur de soufre s'emploie préférablement au soufre en bâton; d'abord, on n'a pas la peine de la réduire en poudre; et ensuite elle est d'une qualité supérieure au magdaléon. Elle est ordinairement bonne lorsqu'elle est de la couleur d'un beau citron, et qu'elle pétille en la pressant légèrement dans les doigts : si au contraire elle tire sur la couleur grise et qu'elle ne pétille pas, elle est de mauvaise qualité et ferait peu d'effet.

Le soufre en bâton sert pour les mèches de couleur, et lorsqu'on a besoin de soufre fondu, comme pour préparer des limailles, etc. Dans l'artifice de guerre, on n'emploie presque que de ce dernier. Il est reconnu bon, quand il est de la couleur d'un citron, et qu'en le pressant fortement dans la main et l'approchant de l'oreille, il pétille intérieurement.

Du Charbon.

On avait il y a quelques années, et beaucoup de personnes ont encore un système pour le charbon; il fallait absolument qu'il fût de bois tendre, tel que le saule, la bourdaine, le coudre, le tremble ou le tilleul. Le raisonnement était bien fondé ; ces sortes de charbons étant de bois tendre, sont très-légers, et par conséquent plus volatils et plus faciles à enflammer que ceux de chêne et de hêtre. Mais il n'est pas besoin de charbon pour donner de la force à un feu : un peu plus ou un peu moins de poussier produit le même effet, sans avoir recours au charbon, dont on ne se sert que pour former un feu de couleur rouge qui, dans l'artifice d'air, fait un effet merveilleux. Je conclus donc delà, que le charbon de chêne ou de hêtre est le seul que l'on doive employer pour la composition des feux d'artifice ; et il est évident qu'une fusée faite avec un de ces derniers fera une belle queue, et que celle faite avec du charbon de bois léger fera son vol sans laisser aucune trace de feu.

La préparation du charbon consiste à l'écorcer et à le piler pour en tirer deux grosseurs, une dans le plus gros tamis de crin pour la composition des fusées volantes, et l'autre dans le plus serré pour le petit artifice. On le conserve, comme le salpêtre et le soufre, dans des boîtes fermantes à coulisse.

De la Poudre, et de la manière de connaître sa bonne qualité.

La bonne poudre à canon tire sur la couleur d'ardoise, se brise difficilement dans les doigts, et, allumée doucement sur du papier blanc, s'enflamme promptement, sans le noircir ni le brûler, en jetant une fumée en forme de cercle. J'ai donné la manière de la pulvériser à l'article 5 de l'outillage. Elle se passe dans le plus fin tamis de soie, et doit égaler en finesse la poudre à poudrer. C'est cette fine poussière que l'on nomme poussier. Il se conserve dans une boîte comme les autres matières. Ce qui n'a pu passer après plusieurs broyées se garde pour un usage particulier, et se nomme *relien*, mot qui signifie reste.

Des Limailles de fer et d'acier.

Il est aisé de se procurer des limailles de fer et d'acier chez les ouvriers qui travaillent ces métaux. Il faut les choisir nouvellement faites et sans rouille. Leur première préparation consiste à les passer, 1.° dans le second tamis de soie, pour les purger de leur fine limaille ou poussière qui ne sert à rien; 2.° dans le moyen tamis de crin pour en ôter les ordures; 3.° dans un autre tamis de crin, mais plus serré, pour les nettoyer encore de ce qui reste d'ordures; 4.° enfin, dans le moyen tamis de crin, pour séparer les fines des grosses limailles que l'on emploie séparément.

Des Limailles qui imitent les fleurs de jasmin.

On se procure à Genève des limailles de ressorts de pendule ou de montre, qui imitent en feu les fleurs de jasmin. Ce sont de petits copeaux minces et frisés, et semblables à ceux des tourneurs. Leur préparation est la même que celle des autres limailles.

De la Fonte de Fer.

La fonte de fer qui produit le feu chinois, est la matière la plus difficile à préparer. On prend de petites marmites cassées, les plus brillantes, les plus argentées et les plus minces qu'il soit possible de trouver, et on les concasse dans un mortier de même métal, avec un pilon à tête d'acier trempé. Ce métal étant bien pilé, forme un sable que l'on passe dans le second tamis de crin, et dont on tire ensuite trois grosseurs différentes, qui sont les trois numéros. On sort d'abord la fine poussière dans le tamis de soie le plus fin; ensuite ce qui passe dans le second tamis de soie est le premier numéro; on réitère dans le premier tamis de crin, et l'on tire le second numéro; et ensuite dans le second tamis de crin, qui est le troisième numéro. Ces trois grosseurs de sable de fonte se conservent à part dans des bouteilles sur lesquelles on marque les numéros sur une petite étiquette.

La composition dans laquelle il entre de ce sable se nomme feu chinois, parce que nous en devons l'invention au peuple du même nom.

Du Zinc.

Le zinc n'est guère moins pénible à préparer que la fonte. C'est une matière très-dure dont on se sert pour souder le cuivre. On l'achète en tablette. Il faut le raper pour le mettre en limaille.

Du Cuivre.

Les limailles de cuivre et d'argent s'emploient aussi quelquefois, et se préparent, ainsi que le zinc, de même que celles de fer et d'acier. On les conserve dans des bouteilles neuves, ou dans des vessies bien dégraissées et bien bouchées, que l'on a soin de mettre dans un lieu sec et près d'une cheminée où l'on fait habituellement du feu.

De la Poudre d'or.

La poudre d'or se trouve chez les marchands papetiers. Elle s'emploie telle qu'elle est. On en sort seulement la plus fine poussière.

Du Camphre.

Le camphre est une matière très-chère, que l'on trouve facilement chez les apothicaires. Pour le dissoudre, on y verse de l'esprit de vin goutte à goutte sans le noyer; on le broie pour le réduire en poudre que l'on conserve dans une fiole bien bouchée, crainte d'évaporation.

Du Noir de fumée d'Hollande et d'Allemagne.

Le noir de fumée d'Hollande se purge de ses ordures, s'il y en a, et s'emploie tel: le noir d'Allemagne de même.

De l'Antimoine.

L'antimoine se pile dans le mortier, et se passe au premier tamis de soie, pour être employé tel.

De l'Ambre, dit Karabé.

L'ambre, dit *karabé*, est une espèce de gomme dont on se sert pour la composition des lances jaunes. On la réduit en poudre, et on la passe dans le premier tamis de soie.

De la Fleur de suie.

La fleur de suie se passe dans le second tamis de soie, et s'emploie telle.

CHAPITRE III.

Des Feux de senteur.

Les feux de senteur ne sont plus guère en usage. Il en est cependant dont l'effet est agréable, autant que l'on s'en sert dans un petit local ou dans un appartement; car en plein air, dans les spectacles publics, c'est peine perdue : il n'y a que les artificiers, ou peu de personnes qui s'en approchent, qui en jouissent. Je vais cependant en donner quelques-uns.

Des Pastilles.

Les pastilles sont de petits trochis coniques de quinze lignes de hauteur environ, sur un pouce de largeur à l'extrémité inférieure, en forme de pain de sucre, et faits avec la composition suivante, que l'on détrempe avec de l'eau de rose, dans laquelle on a fait dissoudre un peu de gomme arabique. On ne fait la pâte ni trop claire ni trop épaisse, afin que l'on puisse les former dans les doigts.

Composition pour les Pastilles.

Storax calamité	2	onces.
Benjoin	2	

Gomme de genièvre	2	onces.
Oliban	1	
Mastic	1	
Encens	1	
Ambre blanc et jaune	1	
Camphre	1	
Salpêtre	3	
Charbon de tilleul	4	

On brûle ces pastilles sur une assiette ou toute autre chose incombustible. Elles servent à embaumer les appartements.

Les vases de senteur étaient beaucoup en usage autrefois dans les fêtes et cérémonies publiques, à Rome, à Athènes, et surtout en Egypte. L'effet n'en est agréable qu'autant qu'on s'en sert dans un endroit fermé, comme des temples ou des palais; car en plein air l'odeur se dissipe sans que personne puisse en jouir.

Composition pour les Vases de senteur.

Storax	4	onces.
Benjoin	4	
Encens	4	
Camphre	2	
Vernis en grains	1	
Charbon de saule	1	

On pétrit ces matières avec de l'huile de genièvre, après les avoir pulvérisées ; et on les met dans un vase de terre, avec une grosse mèche de coton que l'on tient au milieu par le moyen d'un ressort en fil de fer.

Ces vases de terre se placent pour l'ordinaire dans des athéniennes ou dans des vases sculptés ou peints, afin de dérober à la vue leur difformité. Si on veut des vases de peu de durée et qui produisent beaucoup de flamme, il faut délayer de la composition de lance à feu avec de l'huile de térébenthine, tout simplement dans un vase de terre, et y donner feu, avec une lance enflammée.

De la Mèche militaire ou Corde à feu.

Elle se fait avec de l'étoupe de gros chanvre, que l'on file grossièrement, pour en former une corde grosse comme le doigt. On fait ensuite une lessive avec les matières suivantes :

Cendres de chêne	3 livres.
Chaux vive	1
Suc de fiente de cheval	2
Salpêtre	1

On verse cette lessive sur les cordes que l'on arrange dans une chaudière, et on les fait bouillir pendant deux jours, en y mettant toujours de cette lessive à mesure qu'elle diminue ; après quoi on retire les cordes, et on les fait sécher dans un grenier.

La bonne mèche fait, en brûlant, un charbon dur qui se termine en pointe : elle est plus ou moins vive, suivant la qualité des matières que l'on emploie pour la lessive ; mais, pour l'ordinaire, un bout de quatre pouces dure une heure. Elle sert à mettre le feu aux canons et aux mortiers. On s'en sert aussi pour donner feu aux lances lorsqu'on tire un feu d'artifice.

De l'Etoupille.

L'étoupille sert à amorcer tous les artifices, et à communiquer promptement le feu d'un endroit à un autre. On en fait de plusieurs grosseurs, en trois, quatre et cinq fils de coton, que l'on met tremper pendant deux heures dans une pâte ni trop claire ni trop épaisse, faite avec du poussier et de bonne eau-de-vie, à laquelle on ajoute une once de gomme arabique par livre de poussier. On retire ensuite la mèche que l'on presse légèrement entre les doigts, et on l'étend sur de grands châssis de tringles pour l'y laisser sécher; après quoi on la coupe par bouts de six pieds de long, pour la serrer dans la boîte décrite à l'article de l'*Outillage*, et la conserver bonne par ce moyen, pour s'en servir au besoin.

De la Pâte d'amorce.

Après que l'étoupille ou mèche est sortie du plat et qu'elle est étendue, il reste toujours de la pâte. On la conserve dans un petit godet pour coller les étoupilles d'amorce, etc. etc. On la conserve toujours liquide, en y ajoutant de temps en temps un peu d'eau-de-vie à mesure qu'elle sèche.

CHAPITRE IV.

Des Artifices de garniture.

On nomme artifices de garniture tous ceux qui servent à former des décorations, ou à garnir les fusées volantes, les bombes, les batteries, les pots à feu, etc.

Des Serpenteaux.

J'ai décrit la manière de les rouler, étrangler, lier et rogner. Pour les charger, on a une boîte ronde ou quarrée que l'on nomme boisseau, et qui ne doit pas être plus profonde que la hauteur des cartouches ; on les y arrange debout, et on la remplit de manière à ce qu'ils y soient bien serrés, et qu'ils ne puissent pas baloter. (Pl. 1.re fig. 13.)

On met dans chacune des cartouches une pincée de gros son, que l'on foule avec une baguette de fer ou de cuivre de deux lignes de diamètre et de six pouces de long, portant à un bout une poignée en bois. La partie A de la figure 13, planche 1.re est la vue de cette baguette dans l'entonnoir de fer blanc.

On fait une petite cuiller avec une grosse plume qui puisse contenir assez de poudre grainée pour remplir les cartouches à moitié, et l'on coule une cuillerée dans chacune. On prend ensuite l'entonnoir, on y met de la composition, et l'on foule fortement avec la baguette, jusqu'à ce que les cartouches soient entièrement pleines; alors on les retire du boisseau, on les étrangle, lie et rogne comme la première fois. On ouvre le trou de ce dernier étranglement avec un petit poinçon, de manière à pouvoir y faire entrer un petit bout d'étoupille que l'on colle avec de la pâte, et qui lui sert d'amorce.

Des Lardons.

Les lardons se font plus forts que les serpenteaux, et se percent avec un poinçon ou une petite vrille à cinq ou six lignes de profondeur dans la composition qui, présentant par cette raison une plus grande surface au feu, les fait agiter dans l'air plus que les serpenteaux. Ils se roulent et se chargent de même que ces derniers.

Des Serpenteaux à étoile.

Les serpenteaux à étoile s'étranglent cinq lignes plus bas que les premiers ; et, après avoir rempli le trou de l'étranglement avec une pincée de poussier, on achève de les charger avec la composition suivante, et on les amorce, sans les étrangler de nouveau, avec un bout d'étoupille et de la pâte d'amorce. Leur effet est d'imiter d'abord une étoile, et de finir par un serpenteau.

Composition.

Salpêtre	16 onces.
Soufre	8
Poussier	4
Antimoine	1

Des Serpenteaux à pirouette.

Les serpenteaux à pirouette se chargent entièrement de composition, et on n'y met point de poudre grainée. On foule un petit tampon de papier sur la composition avant de l'étrangler, et ensuite on perce près des deux étranglements aux côtés opposés, deux petits trous que l'on fait communiquer ensemble avec un bout d'étoupille. (Pl. 1.re fig. 14.) Leur effet est de former en l'air un espèce de soleil tournant ou une toute autre figure, suivant la manière dont il tombe. Ces irrégularités dans le feu font toujours beaucoup de plaisir.

Des Etoiles simples.

Les étoiles qui ne se font point au moule, servent à garnir les bombes et les fusées volantes. Elles se font de la manière suivante. Après avoir passé la composition ci-après trois fois dans le plus gros tamis de crin, on l'humecte avec de l'eau-de-vie, dans laquelle on fait dissoudre une once de gomme par livre de matière, et l'on a attention que la pâte ne soit pas trop claire : on doit y prendre bien garde ; car le salpêtre, qui se fond dès qu'il est mouillé, la rend toujours trop liquide. On étend la pâte sur une table unie, et on l'applatit également jusqu'à l'épaisseur d'un doigt ; on la coupe ensuite avec un couteau par petits morceaux quarrés comme des dés à jouer, mais un peu plus petits ; on les étend sur une table où l'on a saupoudré du poussier pour les y rouler, et on les laisse ensuite sécher à l'ombre. Ce poussier qui s'attache autour leur sert d'amorce.

Quand les étoiles sont bien sèches, on les serre dans une boîte pour s'en servir au besoin.

Des Etoiles moulées.

Les étoiles moulées se préparent comme les simples. La pâte se fait et s'étend de même sur une table : on a ensuite un emporte-pièce du calibre juste des cartouches des chandelles romaines ; c'est une virole de fer ou de cuivre d'un diamètre et demi de hauteur, qui s'emboîte d'un tiers dans un manche portant à son centre une petite broche cylindrique de trois quarts de ligne de diamètre, et de longueur proportionnée de manière à ce qu'elle ne dépasse pas la virole lorsqu'elle est montée sur son manche, qui porte au bout opposé un petit repoussoir servant à faire sortir l'étoile de la virole. (Pl. 1.re fig. 15.) On monte la virole A sur le manche B, et l'on appuie fortement sur la pâte qui y entre et la remplit ; on retire la virole, et l'on fait sortir doucement l'étoile avec le repoussoir. La broche qui se trouve au milieu y forme un trou qui sert à faire passer le feu à la chasse, comme on le verra à l'article des chandelles romaines. (La figure 16, planche 1.re est celle d'une étoile moulée.)

Des Etoiles à pet.

Les étoiles à pet ne sont autre chose que des petits marrons gros comme le pouce, que l'on amorce, et que l'on couvre ensuite de pâte d'étoile de la même manière que les météores. On les roule sur du poussier sec pour leur servir d'amorce. Ils s'emploient en garniture comme les serpenteaux et les étoiles.

Composition pour les Etoiles simples, moulées et autres.

Salpêtre	2 livres.
Soufre	1
Poussier	8 onces.
Antimoine	3

De la Pluie de feu ou Chevelure.

Il y a plusieurs sortes de pluies de feu. La première se fait avec de petites cartouches de deux pouces de long, que l'on roule sur une petite baguette de cuivre ou de fer de deux lignes et demie de diamètre; deux révolutions de papier suffisent: on tortille un bout, et on frappe ensuite sur la table pour l'applatir et le fermer, comme les lances à feu. On les charge avec l'entonnoir et la baguette, comme les serpenteaux, avec la composition suivante, à l'exception que l'on n'y met pas de poudre grainée. On les amorce ensuite avec un bout d'étoupille et de la pâte.

Composition.

Poussier	16 onces.
Charbon de chêne fin	5

Des Etincelles.

La seconde sorte de pluie de feu, appelée étincelles, se fait de la manière suivante. On prend la composition ci-après : on en fait une pâte fort liquide avec de l'eau-de-vie : on y mêle ensuite huit onces d'étoupes hachées, que l'on roule en petites pelottes grosses comme des pois : on les imbibe bien : on les roule ensuite sur du poussier sec, et on les laisse sécher à l'ombre.

Composition.

Salpêtre	8	onces.
Poussier	8	
Camphre	16	
Etoupes hachées	8	

De la Pluie d'or.

Elle se fait, se coupe et s'amorce de même que les étoiles simples, avec la composition suivante : il faut avoir soin de la couper bien égale de grosseur; son effet est très-beau en garniture de fusée volante ou de bombe.

Composition.

Poussier	8 onces.	» gros.
Soufre	1	4
Gomme passée		4
Fleur de Suie		4
Noir d'Allemagne		4
Salpêtre		4

Des Roses italiennes ou Etoiles fixes.

On prend des cartouches préparées comme il est dit à l'article de l'étranglement des cartouches d'étoiles fixes : on y verse une demi-cuillerée de terre que l'on bat de douze coups avec un maillet de grosseur proportionnée : on marque ensuite la hauteur de cette terre sur la cartouche, et l'on charge quatre cuillerées de la composition suivante, que l'on battra de douze coups de maillet chacune : ces quatre charges doivent occuper à-peu-près deux doigts de hauteur : ensuite on met encore une cuillerée de terre, et l'on divise la circonférence de la cartouche près de l'étranglement, à la hauteur du premier point qu'on a marqué, en cinq parties égales que l'on perce d'autant de trous jusqu'à la composition : on les amorce avec des bouts d'étoupille et de la pâte ; on en prolonge un qui doit faire le tour sur les quatre autres, et revenir par dessus l'étranglement.

On roule ensuite la cartouche dans un morceau de papier blanc assez grand pour faire deux tours, et déborder d'un pouce et demi de chaque bout : c'est ce que l'on nomme la chemise ; on tortille le bout d'en bas ; et l'autre, du côté où est l'amorce, ressemble à un gobelet, et sert à recevoir le porte-feu qui doit enflammer la rose. On trouvera la composition des roses au tableau des compositions pour les pièces tournantes et fixes.

Son effet est de pousser autant de langues de feu qu'il y a de trous, et par conséquent de former à volonté des roses ou des étoiles.

Des Lances d'illumination, blanches, bleues et jaunes.

J'ai donné leur calibre et la manière de les rouler. Elles se chargent avec l'entonnoir et la baguette des serpenteaux, et de la même manière, mais sans poudre grainée. On les remplit jusqu'à deux lignes près du bout, et on les amorce uniquement avec de la pâte sans étoupille. Il faut avoir soin de les charger bien ferme et sans les faire plisser, ce qui n'arrivera pas si la composition est bien sèche. Les lances bleues et jaunes se chargent de la même manière, excepté que les jaunes se font de quatre lignes de diamètre et de quinze lignes de long, pour ne pas durer plus longtems que les autres.

Compositions.

Lances blanches.		*Lances bleues.*		*Lances jaunes.*	
Salpêtre . . .	16 onc.	Salpêtre . . .	16 onc.	Salpêtre	16 onc.
Soufre	8	Antimoine . .	8	Soufre	16
Poussier . . .	4	. . . .		Poussier	8
Antimoine . .	1	. . . .		Ambre, dit *Karabé.*	8

Les lances blanches se gardent plusieurs années. J'en ai conservé de bleues et des jaunes sur des ronds dans le centre de deux roues, pendant un an, et elles étoient aussi belles que si elles venoient d'être faites.

Des Lances à pétard.

Elles ne sont guère en usage à présent; cet ouvrage devient trop long, sur-tout lorsqu'on en a une grande quantité à faire.

On prend une carte à jouer, que l'on roule sur le travers, d'un diamètre à recevoir aisément le pied des lances. On l'étrangle ; on y met une pincée de son, et environ la valeur d'une bonne amorce de pistolet de poudre en grain; on étrangle encore la cartouche qui sera environ aux deux tiers, et le tiers restant servira à coller la lance dedans : on aura soin de couper le bout tortillé avant, afin qu'en finissant elle puisse mettre le feu au pétard.

Des Lances de service.

On appelle lances de service celles qui servent à mettre le feu aux artifices, et qui se font ordinairement de quinze pouces de long, sur une baguette de trois lignes et demie de diamètre; il leur faut quatre révolutions de papier. Elles se chargent de même que les précédentes, et s'amorcent avec un bout d'étoupille et de la pâte.

Composition.

Salpêtre	2 livres.	
Soufre	1	
Poussier		5 onces.

Des Marons.

Les marons d'artifice sont de figure cubique, semblables au fourneau d'une mine, et recouverts de plusieurs rangs de ficelle cirée avec de la poix de cordonnier. Lorsque le maron est ficelé, on arrête le bout de la ficelle en le fourrant sous le premier rang avec un poinçon ou la lame d'un couteau. Pour couper le carton juste, on a une règle quarrée (pl. 1.re fig. 17), et l'on trace avec un poinçon; on ne fait que culbuter la règle à chaque trait, et l'on est sûr qu'ils seront égaux: on reprend ensuite sur le travers, et l'on fait la même opération : on coupe de quoi former le cube, c'est-à-dire, cinq quarrés sur un sens et trois sur l'autre (pl. 1.re fig. 18). On le plie ensuite en cube que l'on remplit de poudre grainée : en cet état il doit être quarré sur tous les sens, comme un dé à jouer (pl. 1.re fig. 19); on le ficelle comme il est dit ci-dessus. Lorsque les marons sont finis, on les perce avec un poinçon, on les amorce avec un bout d'étoupille qu'on couvre d'un bout de porte-feu, et on les plie dans un morceau de papier que l'on lie ferme autour du porte-feu (pl. 1.re fig. 20).

Des Marons luisants.

On prend des marons d'un pouce, ficelés et amorcés ; on coupe l'excédent de la mèche ; on trempe ensuite du coton en rame dans de la pâte d'étoile assez liquide ; on le couvre de l'épaisseur d'un bon doigt, suivant la durée que l'on se propose, et on le roule ensuite sur du poussier sec pour lui servir d'amorce : on les laisse bien sécher à l'ombre. Ils s'emploient en garniture de bombe, de pots à feu ou de fusée volante.

Leur effet est de produire une lumière blanche très-vive, et de finir par tirer un coup.

Des Saucissons.

Les saucissons ne diffèrent des marons que par leur forme ; ils sont comme eux de simple détonnation. On les fait avec une cartouche que l'on étrangle d'un bout : on la remplit de poudre grainée jusqu'à la hauteur de quatre doigts ; on l'étrangle, et on la couvre d'un ou de plusieurs rangs de ficelle comme les marons ; on l'amorce ensuite par le trou du dernier étranglement avec une étoupille et de la pâte.

De la Mèche bleue et verte, pour chiffre, devise et décor.

On fait fondre une livre de soufre en bâton dans un vaisseau de terre vernissé, sur un feu doux; on y ajoute une once de verd-de-gris et une demi-once d'antimoine passé au tamis de soie le plus fin. On prépare des mèches de coton aussi grosses et aussi longues que l'on juge à propos, et on les trempe dans la matière, ayant soin de la remuer chaque fois.

On attache ensuite ces mèches sur du gros fil de fer que l'on contourne sur le dessin; on y arrête les mèches avec du petit fil-de-fer fort mince, appelé de carcasse : on couvre les mèches de pâte d'amorce : on les entoure d'une étoupille sur toute leur longueur et contour, et on les couv e avec des bandes de papier gris, en y ajoutant un bout de porte-feu pour y donner feu au besoin.

De la Mèche pourpre ou violette.

On commence d'abord à former un dessin, et on attache la mèche de coton sur le fil-de-fer de la même manière que ci-dessus, mais sans la serrer : on fait cuire des jujubes dont on ôte la peau et le noyau : on en fait une pâte ferme, en y ajoutant autant de bonne fleur de soufre qu'il en faut pour lui donner de la consistance : on couvre la mèche de cette pâte, et l'on proportionne l'épaisseur de matière à la durée qu'on se propose : on l'amorce pendant qu'elle est encore fraîche, en y passant par-tout du poussier sec qui s'y attache et lui sert d'amorce : on la laisse sécher, et on la finit de même que la précédente.

On observera soigneusement de tenir le dessin éloigné de quatre ou cinq pouces des tringles qui le supportent, par le moyen de petites traverses de fer, de peur que le feu n'y prenne, ce qui arrive souvent faute de précaution.

Des Météores.

Il est peu de personnes qui ne sachent ce que c'est qu'un météore. La différence qu'il y a des météores artificiels aux météores naturels, c'est que ceux-ci sortent des entrailles de la terre, et qu'on ne peut faire paroître ceux-là que tombants d'une grande hauteur où on les fait porter par de grosses fusées volantes, ou dans des bombes jetées avec un mortier.

Ils se font absolument comme les marons luisants, excepté qu'ils sont beaucoup plus gros ; on en fait qui pèsent jusqu'à dix livres ; plus ils sont gros, et plus l'effet est surprenant.

CHAPITRE V.

Des Feux d'air.

On appelle feu d'air toute espèce d'artifice qui fait son effet dans l'air, et qui y est porté par des chasses ou par une force intrinsèque.

Des Fusées volantes.

Une fusée volante est une fusée percée dans sa longueur d'un trou conique, et à laquelle on adapte une baguette pour lui servir de contrepoids et la guider verticalement dans son ascension. Elle porte ordinairement différentes garnitures, telles que serpenteaux, étoiles, pluie de feu, chevelures, marons, marons luisants, météores, etc. qu'elle jette en terminant son vol.

Du Calibre et des Proportions des fusées volantes.

On fait des fusées volantes de sept calibres différents, depuis six lignes jusques à trois pouces qui sont les plus grosses que j'aie faites.

Les auteurs ont été dans l'erreur jusqu'à présent relativement à leurs proportions. Tous prétendent que leur hauteur se règle sur leur diamètre extérieur, et ne doivent en avoir que six et quelques lignes. Il résulte de là qu'une fusée d'un pouce n'en aura que six, et quatre ou cinq lignes de longueur. J'ai long-tems réfléchi sur cet article, et après bien des raisonnements j'ai imaginé d'en composer de plus longues, et de voir par gradation la longueur qui convieudroit le mieux à chaque calibre, ou du moins celle qui l'enleveroit à plus de hauteur.

Effectivement, après beaucoup d'épreuves je me suis fixé sur les proportions décrites au tableau des calibres qu'on voit ci-contre. Pour en faciliter l'intelligence, la planche 2 offre les sept calibres tracés avec les broches ponctuées, et l'échelle d'un pied au bas. Par ce moyen il suffit d'ouvrir un compas, et l'on a tout de suite le calibre des broches, des fusées, des pots et chapiteaux. J'ai trouvé qu'avec ces proportions elles s'élèvent, quoiqu'aux dépens de leur garniture qui est un tiers moins forte, à la plus grande hauteur; que plus courtes elles vont moins haut, et que plus longues elles vrillent et vont de travers.

On se servoit autrefois de moule pour charger les fusées volantes. Cette manutention devenoit fort longue, et rendoit l'exécution très-difficile; je ne m'en suis jamais servi, et m'en suis bien trouvé. Les auteurs prétendent que le moule empêche la cartouche de plisser et de crever en

TABLEAU des Proportions des sept Calibres de Fusées volantes, de leurs Massifs, de leurs Pots et Chapiteaux, et de leurs Broches.

NOMS DES FUSÉES.	DIAMÈTRE.		Longueur des Fusées.		DIAMÈTRE.			HAUTEUR.			Longueur des Broches.		DIAMÈTRE.			Diamètre de la Vis à bois.	HAUTEUR.		Longueur de la Vis à bois.
	Extérieur des Fusées.	Intérieur des Fusées.			Des Pots de garniture.		Du trou de la Douille des Pots.	Des Pots en sus de la Douille.	Conique et diamètre des Chapiteaux.	Du Massif des Fusées.			De la Base des Broches.	De la Pointe des Broches.	Du Bouton des Broches.		Du Bouton des Broches.	Du Culot des Broches.	
	lignes.	lignes.	pouc.	lig.	pouc.	lig.	lig.	lignes.	lignes.	lignes.	pouc.	lig.	lignes.	lignes.	lignes.	lignes.	lignes.	lignes.	lignes.
Petit Partement.	6	4	3	»	»	10	4 ½	18	10	5	2	8	2	1	4	8	4	10	18
Partement......	9	6	4	6	1	2	8	21	14	6	4	»	3	1 ½	6	9	6	14	20
Marquise.......	12	8	6	6	1	6	10	33	18	12	5	9	4	2	8	10	8	16	24
Double Marquise.	15	10	7	9	1	11	13	35	23	14	6	11	5	2 ½	10	11	10	16	24
Trois Douzaines.	18	12	10	2	2	3	16	36	27	16	8	7	6	3	12	12	12	16	24
Fusée d'honneur.	24	16	10	4	3	»	22	41	36	17	9	1	8	4	16	16	14	16	28
Républicaine....	36	24	13	6	4	5	34	48	48	21	12	»	12	6	24	21	22	24	36

chargeant. Je leur réponds qu'une cartouche qui ne résiste pas à sa charge, ne résistera certainement pas à la violence du feu, et qu'elle est ou mal roulée ou faite avec de mauvais carton, et par conséquent de rebut.

En observant bien la manutention du chargement, on verra la vérité de ce que j'avance.

Les moules dont on se servait étaient des espèces de canons de bois, de fer ou de cuivre, dans lesquels les cartouches se trouvaient enfermées juste, ce qui devenait très-difficile ; car une ligne ou une demi-ligne même rendait une cartouche de rebut, puisqu'elle ne pouvait pas entrer dans son moule.

De leur outillage.

Les cartouches des fusées volantes se chargent sur une broche avec des baguettes percées. Cette broche qui est de figure conique, laisse un vide dans le corps de la fusée ; et c'est ce vide qui, présentant une plus grande surface au feu, s'enflamme avec vivacité, et pousse une colonne de feu qui frappe contre une colonne d'air qui s'oppose à son passage, et fait agir le corps de la fusée contre lui-même qui, étant dirigé verticalement par une baguette qui lui sert de contrepoids, force la fusée à s'élever droite, sans quoi elle s'agiterait çà et là, et risquerait de brûler ou blesser quelqu'un.

Il faut, pour charger les petites fusées de six à neuf lignes, trois baguettes creuses et une massive; et pour les autres, quatre creuses et une massive. (Voyez planche 1.re Les figures 21, 22, 23, 24 et 25, donnent la forme de ces baguettes; la figure 26 est celle de la broche montée sur le billot; les figures 27 et 28 sont celles du moule du pot; les figures 29 et 30 représentent celui du chapiteau.

De leur Composition, et de la manière de les charger, d'y ajouter des pots de garniture, et de les équiper de leurs baguettes.

Je n'ai jamais employé qu'une seule et même composition pour tous les calibres de fusées volantes. Il est très-inutile, quand on en a une bonne, de changer pour une inférieure, ou que l'on ne connaît pas. Beaucoup de personnes sont étonnées de ce que certaines fusées laissent des queues de feu dans leur vol, et que d'autres n'en laissent pas. Cela dépend du charbon que l'on emploie. Par exemple : si l'on se sert de charbon de bois tendre, il se consume promptement sans laisser aucune trace de feu ; si, au contraire, on prend du charbon de bois dur, tel que le chêne ou le hêtre, la fusée forme une belle queue de feu depuis l'endroit de son départ jusqu'à sa plus grande hauteur : c'est ce à quoi on doit principalement s'attacher. On a prétendu que le charbon de bois tendre était plus léger, plus volatil, et qu'ayant, par cette raison, plus de force et de facilité à s'enflammer, il convenait mieux aux fusées volantes. J'ai déja observé qu'un peu plus ou un peu moins de poussier, donne ou ôte la force que je l'on veut à la composition.

On s'entête aussi à vouloir qu'il n'entre pas de poussier dans la composition des fusées, parce que, dit-on, elles ne se conservent pas longtemps bonnes. J'en ai fait plusieurs douzaines qui étaient destinées à signaler en mer, et qui ont fait le voyage de l'Inde, et sont revenues trois ans après. J'en ai tiré plusieurs ; je ne dirai pas qu'elles étaient plus belles, mais on aurait juré qu'elles sortaient de la main de l'ouvrier.

Une théorie vague fait souvent faire beaucoup de raisonnements qui sont appuyés par les meilleures preuves, aussi théoriques, mais que l'expérience détruit. La meilleure théorie est celle qui est fondée et guidée par une longue pratique.

On veut aussi changer de composition pour chaque calibre, parce que, dit-on encore, la matière enflammée acquiert de la force par l'augmentation de son volume ; mais on ne dit pas qu'une grosse fusée est plus pesante qu'une petite, et que, par conséquent, il faut bien plus de force pour l'enlever. L'expérience m'a toujours prouvé que la composition qui enlève parfaitement une fusée de neuf lignes, enlevera de même une fusée de trois pouces ; et qu'au contraire, cette dernière montera plus doucement, en raison qu'elle éprouve plus de résistance dans l'air à cause de sa grosseur.

De la Composition pour les Fusées volantes.

Les meilleures, suivant moi,

En été.			*Autre.*		
Salpêtre	17 onc.		Salpêtre	16 onc.	
Soufre	3	4 gr.	Soufre	4	
Poussier	1	4	Charbon	7	4 gr.
Charbon de chêne.	8				

Et en hiver.			*Autre.*		
Salpêtre	17 onc.		Salpêtre	44 onc.	
Soufre	3	4 gr.	Soufre	4	
Poussier	4		Charbon	16	
Charbon de chêne.	8				

Autre.			*Autre.*		
Salpêtre	16 onc.		Salpêtre	20 onc.	
Soufre	2	3 gr.	Soufre	3	
Charbon	6		Charbon	8	4 gr.

Composition chinoise pour une fusée d'honneur.

Salpêtre	5 onces	
Soufre	1	2 gros.
Charbon	2	4
Poussier	1	
Fonte	2	4

Le charbon doit être employé très-gros. On le passe dans le plus gros tamis de crin, et l'on en extrait ensuite le fin en le passant dans le tamis au-dessous. Ce dernier sert pour le petit artifice.

Lorsque l'on a pesé le salpêtre, le soufre et le poussier, on mêle ces trois matières ensemble en les passant trois fois dans le gros tamis; après quoi on y ajoute la dose de charbon que l'on mélange bien, en roulant la composition dans les mains; car l'on doit juger que le gros charbon passerait difficilement dans le tamis, et ne se mêlerait pas bien.

On prend la première baguette à charger B (fig. 2, planc. 1.re), que l'on introduit dans la cartouche T (fig. 11, même pl.); et on la fait entrer sur la broche (fig. 26, même pl.), en frappant doucement, avec le maillet, sur la baguette. On a soin auparavant de remplir la gorge de l'étranglement avec de grosse ficelle, afin qu'elle ne puisse fléchir. On a ensuite la cuiller (pl. 1.re fig. 32), qu'on remplit au tiers de composition, et on la verse dans la cartouche. On introduit doucement la même baguette, et l'on frappe quelques coups, avec un maillet proportionné, pour asseoir la composition. On applique ensuite, savoir; pour le calibre de six lignes, quinze coups; pour celui de neuf lignes, vingt coups; d'un pouce, vingt-cinq coups; de quinze lignes, trente coups; de dix-huit lignes, trente-cinq coups; de deux pouces, quarante coups; et de trois pouces, cinquante coups; à chaque charge, qui ne doit occuper, étant refoulée, qu'un demi-diamètre intérieur de la cartouche. A mesure qu'elle se remplit, on met un peu plus de matière à chaque charge, par la raison que, dans le bas de la fusée, la broche remplit la moitié du vide, et qu'à mesure que l'on monte elle remplit moins. On met les cuillerées pleines, lorsqu'on est au massif.

Il faut avoir attention de changer de baguette toutes les quatre ou cinq charges, et les vider chaque fois en les frappant contre une autre. Si l'on n'avait pas cette attention, elles s'engorgeraient de composition, et la broche les ferait fendre au premier coup de la seconde charge.

Lorsque la fusée est chargée entièrement, on l'ôte de dessus la broche. Pour plus de facilité, on la serre de quatre ou cinq tours de petit cordeau double; on passe un fort bâton dedans, et on la sort facilement en tournant; on marque ensuite sur la cartouche la hauteur de la broche, et un diamètre intérieur en sus, et on la rogne en cet endroit; de sorte qu'on laisse un diamètre juste de massif pour les fusées, jusqu'au calibre de quinze lignes; celles au-dessus ne doivent avoir que deux tiers de diamètre de massif, et doivent être finies de la manière suivante.

Lorsque le massif est chargé à la hauteur convenable, on met dessus un tampon de papier chiffonné, et on le frappe d'une douzaine de coups : on prend ensuite un poinçon, et l'on dédouble la partie de la cartouche qui est vide, jusqu'à la moitié de son épaisseur ; on la rabat sur le tampon, et on la frappe d'une vingtaine de coups bien appliqués avec le maillet sur la baguette massive ; après quoi on perce quelques trous, avec un poinçon, jusqu'à la composition que l'on a soin de ne pas entamer : on retire la fusée de dessus la broche, on rogne le reste du carton qui excède le tampon, et on délie la corde que l'on a mise à l'étranglement.

On appelle cela tamponner une fusée. On était autrefois dans l'usage de tamponner jusques aux plus petites. Mais j'ai trouvé qu'elles réussissaient très-bien sans cela, jusques et compris le calibre de quinze lignes ; et c'est un ouvrage de moins. Les plus grosses défoncent, c'est-à-dire, se vident par la tête avec bruit sans s'élever ; on est forcé de les tamponner pour obvier à cet inconvénient.

Les fusées volantes jettent un bouquet quelconque en terminant leur vol. Il faut, pour le contenir, rouler sur le moule (pl. 1.re fig. 27), un pot avec deux révolutions de carte en trois, et, lorsqu'il sera sec, l'étrangler à la partie X du moule qui doit être du diamètre de la fusée, et d'une ligne moins fort, afin qu'elle puisse y entrer, s'y lier et coller : on rogne avec un couteau les bavures que l'étranglement laisse, et on le couvre avec une bande de papier de soie collée. On met ensuite dans le pot deux cuillerées de la composition des fusées avec une demi-cornée de relien, et l'on pose dessus une garniture quelconque du tiers de la pesanteur de la fusée : on remplit le vide du pot, s'il y en a, avec du papier chiffonné, et on y colle un rond de papier, pour empêcher que la garniture ne balotte. O forme ensuite un chapiteau (pl. 1.re fig. 30), de la manière suivante : on coupe un morceau de carte en trois, semblable à la coupe (pl. 1.re fig. 32) : on le mouille pour lui faire perdre son ressort, et on le roule en forme de cornet : on y fait entrer le moule (pl. 1.re fig. 28); et, lorsqu'il aura pris sa forme, on le colle sur l'assemblage avec une bande de papier de soie gris. Avant de retirer le moule dont la partie C est le manche, on appuie ferme en tournant sur la vive arête E ; le moule qui est juste du calibre du pot, tracera l'endroit où on doit rogner le chapiteau que l'on ajustera ensuite sur le pot de la fusée, et on l'y collera avec une ou plusieurs bandes de papier de soie (pl. 1.re fig. 31).

Pour amorcer les fusées, on coupe un bout d'étoupille à laquelle on fait prendre la forme de l'entrée de la cartouche (pl. 1.re fig. 31); la partie A est la forme que doit avoir l'étoupille dans la gorge de la fusée. On l'y retient avec de la pâte d'amorce, et on colle ensuite un rond de papier de soie sur l'épaisseur de la cartouche; c'est ce qu'on appelle bonneter.

Les baguettes qu'on leur adapte pour les guider et leur servir de contrepoids, se font, pour les fusées jusques et compris le calibre de quinze lignes, en branchage de bois légers tels que le coudre, l'orme, le saule, l'osier, la mancianne, etc. Pour les fusées au-dessus, elles se font avec des tringles de sapin sciées dans des planches bien droites et sans nœuds : on leur donne en général dix ou onze fois la longueur de la fusée, et d'épaisseur à un bout, environ un tiers du diamètre extérieur des cartouches, sur un quart à l'autre bout : on forme à leur gros bout une canelure pour recevoir la cartouche, et on termine leur sommet en chanfrein.

Pour celles de branchage, on les choisit bien droites, et l'on coupe à plat environ la moitié de leur épaisseur par le gros bout, pour qu'elles puissent joindre sur les fusées où on les attache bien ferme avec de la ficelle ou du fil-de-fer. On les met ensuite en équilibre sur la lame d'un couteau, en y posant la baguette à trois pouces de distance de la gorge de la fusée; si elle l'emporte, il faut en mettre une autre; et si elle est encore plus pesante, on ôte de son épaisseur tout du long, afin de ne pas diminuer sa longueur. Les fusées dont les baguettes ne se trouveraient pas bien équilibrées, feraient un mauvais effet et réussiraient mal : si elles étaient trop légères, les fusées monteraient de travers en décrivant des lignes, tantôt droites et tantôt courbes : si au contraire elles étaient trop pesantes, les fusées monteraient lentement jusqu'à uue certaine hauteur, et retomberaient en formant un demi-cercle.

Pour tirer les fusées volantes, on prend une petite perche de sept à huit pieds de long, aigüe par un bout pour pouvoir entrer dans la terre, et portant à l'autre bout un fort clou à crochet sur lequel on pose la gorge des fusées. Il doit y avoir au milieu de la perche un anneau ouvrant dans lequel on passe la baguette, afin de la tenir droite (pl. 1.re fig. 33). Le bout aigu est ordinairement ferré.

Des Garnitures figurées.

On avoit imaginé de faire porter aux fusées volantes différentes garnitures figurées, comme des soleils, des girandoles, des légendes, etc. J'en ai beaucoup essayées qui n'ont pas réussi suivant mes desirs, et en voici la raison : c'est que d'abord ces sortes de garnitures sont d'un poids supérieur à celui que doit porter la fusée ; qu'ensuite, leurs mouvements irréguliers et leurs formes inégales produisent dans l'ascension une contrariété qui nuit à leur vol ; et qu'enfin, lorsqu'elles réussissent bien, ce qui est rare, la rapidité avec laquelle les fusées partent empêche de rien distinguer, si ce n'est un volume de feu plus fort et qui fait plus de bruit que les fusées ordinaires, mais qui finit sans jeter de garnitures.

Manière de former des Bouquets en Fusées volantes.

Il s'agit, pour former un bouquet en fusées volantes, d'en faire partir un certain nombre à-la-fois; c'est ce que l'on fait en procédant de la manière suivante :

On fait faire une caisse quarrée-longue, proportionnée à la quantité de fusées dont on veut composer un bouquet, de manière qu'elles se trouvent à deux pouces de distance les unes des autres : on trace le fond, qui doit avoir autant de trous que la caisse doit contenir de fusées ; en supposant cent fusées, on prend quarante pouces sur un sens et dix sur l'autre, et l'on trace une ligne de deux pouces en deux pouces; on réitère l'opération sur l'autre sens : ainsi l'on aura vingt quarrés sur un sens et cinq sur l'autre (pl. 3, fig. 1.re). On perce un trou au milieu de chaque quarré, assez grand pour que les baguettes des fusées de neuf lignes puissent y entrer librement : on attache sur ce fond des rebords de neuf pouces de hauteur, avec une fermeture en deux parties, faite en forme de toît de maison. On monte cette caisse (fig. 2.me) sur deux pieds qui doivent y être attachés solidement. (La fig. 3.me est un de ces pieds vu de face).

Lorsqu'il s'agit de la garnir, on couvre le fond avec plusieurs feuilles de papier que l'on perce un peu sur chaque trou : on répand du poussier également par-tout, et l'on enfile les baguettes des fusées dans chaque trou, de manière que l'amorce touche sur le poussier ; on communique dans la caisse un porte-feu qui doit pendre assez pour y donner feu à la main, et l'on referme la caisse qui s'ouvre d'elle-même dès que les fusées s'enflamment.

On fait ordinairement les caisses quarrées; mais je préfère les quarrées-longues, parce que le bouquet, qui en sort, forme mieux l'éventail, et que cent fusées seulement produisent, par ce moyen, autant d'effet qu'un plus grand nombre disposées sur vingt de face.

Les fusées de neuf lignes sont celles dont on se sert ordinairement pour composer les bouquets. On ne leur met point de pot ni de chapiteau; on roule seulement, à leur partie supérieure, un faux fourreau de papier de quatre pouces de hauteur, dans lequel on met la garniture, et on le lie par-dessus avec de la ficelle.

Lorsque les fusées sont amorcées, il ne faut pas les bonneter, quand elles doivent être employées en bouquet ou en caisses réglées, comme on va le voir.

De la Girande.

Une girande est un assemblage d'un très-grand nombre de fusées de tout calibre, rangées par gradation dans une caisse, c'est-à-dire, les plus petites au premier rang, les moyennes au second, ainsi de suite, et les plus grosses au milieu. C'est ordinairement par une grande girande qu'on termine les feux de gouvernement. Il y en a eu de trois mille fusées.

Autre manière de les tirer par succession, en n'y mettant le feu qu'une fois par le moyen des caisses réglées.

Dans un feu d'artifice, on fait souvent partir des fusées volantes par intervalle et à distance réglée, afin que l'effet de la première soit fait lorsque la seconde part; c'est ce que l'on nomme par ordonnance.

On fait construire pour cela une caisse de trois pouces de largeur, sur autant de longueur que l'on voudra. On pratique au milieu de sa largeur, depuis une extrémité jusqu'à l'autre, une rainure de deux lignes en quarré : on perce ensuite, à six pouces de distance les uns des autres, sur le côté de la rainure, des trous de sept lignes d'ouverture, pour y passer les baguettes des fusées dont on fait toucher l'amorce sur la rainure que l'on garnit d'une étoupille dans toute sa longueur : on fait sortir cette étoupille de la caisse, et on la prolonge avec un porte-feu, pour pouvoir y mettre le feu avec une lance. (La fig. 5, pl. 3, est le fond de cette caisse.) Les côtés se font de neuf pouces de hauteur. On ne lui fait point de couvercle, et on la monte sur deux pieds qui portent une traverse percée à deux pieds de distance de la caisse, pour recevoir le bas des baguettes ; ces deux pieds ont chacun un arcboutant qui s'ouvre à volonté pour les incliner au degré que l'on juge à propos.

Lorsque toutes les fusées sont dans la caisse, on prend de moyen son que l'on répand dedans : on l'y foule avec la main jusqu'à l'épaisseur de six doigts, suivant la grosseur des fusées dont on garnit la caisse. On en fait depuis cinq jusqu'à trente fusées.

Ces sortes de caisses se placent, comme on le juge à propos, droites ou inclinées. Dans les feux que j'ai donnés, j'avais deux caisses que je plaçais à vingt ou trente toises de distance l'une de l'autre, et je les inclinais à 55 degrés, de manière que, partant toutes deux ensemble, les fusées se croisaient dans leur vol et produisaient un effet très-agréable.

Ces caisses, ainsi garnies, se nomment caisses réglées. Il faut avoir soin que les pieds soient assez longs pour que les baguettes ne touchent pas la terre.

(La figure 6 de la pl. 3, représente une caisse toute garnie, vue droite; et la fig. 9, une autre caisse vue de côté, inclinée à 55 degrés.)

Des Saucissons volants.

On prend des cartouches de neuf lignes à l'extérieur : on les charge sans les étrangler, jusqu'à la hauteur de sept lignes, avec la composition donnée ci-après pour les mosaïques à tourbillon : on les étrangle, on les lie en cet endroit, et on y met environ quatre doigts de poudre grainée que l'on couvre d'un tampon de papier : on les étrangle et lie encore une fois, et l'on coupe l'excédent de la ligature (pl. 1.re fig. 34) : on amorce ensuite avec un bout d'étoupille et de la pâte sur la composition. Lorsque l'amorce est sèche, on peut, si l'on veut que les saucissons fassent plus de bruit, recouvrir la partie où est la poudre, d'un rang de bonne ficelle collée à la colle forte.

Ces saucissons se mettent dans les pots des mosaïques, en leur lieu et place sur la même chasse. On peut, lorsqu'on veut en varier l'effet, mettre un saucisson dans un pot et une mosaïque dans l'autre, et les entremêler ainsi. Leur effet est d'être jetés en l'air avec bruit, de former une queue de feu, et de finir par tirer un coup.

Des Mosaïques à tourbillon.

L'effet des mosaïques à tourbillon est de former une queue de feu d'environ deux cents pieds de haut, de tourbillonner et d'éclater avec bruit. On les fait partir par couple, en penchant adversairement les brins d'ordonnance qui les portent; elles se croisent, et produisent un effet plus agréable.

Elles se moulent de sept pouces de longueur, avec de la carte en cinq, sur un rouleau de cinq lignes de diamètre. On leur donne une ligne et demie d'épaisseur; on les étrangle, et on coupe l'excédent de la ligature. Après avoir mis un quart de cuillerée de terre dans la cartouche, et l'avoir battue de huit à dix coups de maillet, on fait un point en dehors pour marquer la hauteur de la terre, et l'on charge jusqu'à la hauteur de sept lignes avec la composition ci-après : on y remet un quart de cuillerée de terre : on l'étrangle, et on la lie en cet endroit : on y coule ensuite deux bons doigts de poudre grainée : on l'étrangle et lie par dessus, et l'on charge encore sept lignes de la même composition. On a soin que cet étranglement ne soit pas tout-à-fait fermé, afin que la composition puisse mettre le feu à la poudre. On met une cuillerée de terre, on l'étrangle et lie encore : on finit par charger sept lignes de composition : on rogne le reste de la cartouche qui excède, et l'on amorce sur la composition (planc. 1, fig. 35). On fait, avec un poinçon, un peu au dessus de ce dernier étranglement, des trous en A, B et C, et l'on communique ces trois trous ensemble, de manière que le feu X finissant, communique par le trou A aux autres trous B et C, qui, se trouvant à l'opposé l'un de l'autre, impriment un mouvement de rotation qui finit par un coup lorsque la poudre prend feu.

Il faut recouvrir le tout avec trois ou quatre tours de papier collé, et la mosaïque en cet état est prête à être mise dans les pots de chasse. Elle doit avoir, toute finie, dix lignes de diamètre.

Les pots de chasse se moulent de dix pouces de longueur, avec de la carte en huit, sur un rouleau de onze lignes de diamètre. Ils se montent sur des culots et un brin, comme les pots à feu.

Ils s'amorcent et se règlent de même. On met dans chaque pot quatre gros de relien : on y introduit, avec une baguette, une petite rouelle de carton percée de cinq à six trous : on saupoudre un peu de poussier dans le pot, et l'on y met la mosaïque, le bout amorcé sur la chasse : on la serre avec un peu de papier chiffonné, afin qu'elle ne balotte pas, et l'on achève de fermer le pot avec une rouelle de carton que l'on colle d'une bande de papier de soie.

Ces brins, car on en fait ordinairement deux, se placent comme les caisses réglées et se tirent de même.

Composition pour les Mosaïques à tourbillon.

Poussier	16 onces.	
Charbon	3	4 gros.

Des Pots à feu, et d'ordonnance réglée.

Les premiers que j'appelle pots d'ordonnance, se roulent à la colle avec de la carte en huit. On leur donne deux pouces de diamètre intérieur, trois pouces de diamètre extérieur, et quinze pouces de long. Lorsqu'ils sont secs, on les ferme par le bas avec un culot de noyer (pl. 5, fig. 5). La partie A doit y entrer juste d'un pouce, et y être arrêtée fermement avec de la colle forte et des clous. On tire un quart de rond sur la partie E, et la partie L est une vis qui entre dans le brin et y assujettit le pot.

Le brin, ou barre, sur lequel on visse les pots, se fait de trois pouces de largeur, et d'un pouce et demi d'épaisseur. On le laisse assez long pour recevoir une douzaine de pots qui ne doivent pas être éloignés de plus de six lignes les uns des autres, (pl. 5, fig. 5.) On perce un trou de deux lignes de diamètre dans le milieu de la vis, qui traverse le culot à la ligne ponctuée (fig. 6). Lorsque les pots sont vissés comme on le voit à la figure 5, on pratique une rainure de quatre lignes en quarré par dessous sur la longueur du brin, de manière que les trous qui communiquent dans l'intérieur des pots à travers des culots, se trouvent dans le milieu de la rainure.

On passe dans chaque culot, un bout d'étoupille assez long pour qu'il déborde de deux doigts en dedans : on couche ensuite une longue étoupille dans la rainure : à chaque trou, on l'arrête à celle qui le traverse avec un peu d'amorce; et on les laisse sécher.

Si l'on veut que tous les pots partent d'un seul coup, on couvre seulement la rainure de quatre ou cinq bandes de papier collé.

Si au contraire on veut qu'ils partent par ordonnance, on remplit la rainure de moyen son que l'on foule bien avec les doigts, et l'on couvre de même la rainure, ainsi garnie, avec plusieurs bandes de papier collé : on laisse sécher le tout, et l'on procède au chargement de la manière suivante.

On a autant de quarrés de papier que l'on veut garnir de pots, pour en faire ce que l'on nomme le sac à poudre; on les pose sur le bout du rouleau qui a servi à mouler les pots, et, en les pressant dessus, on leur fait prendre la forme du cylindre : on met dans chacun, environ une once de la composition ci-après donnée pour les chasses, avec deux bouts d'étoupille assez longs pour déborder d'un pouce. Le sac fermé et lié, on en coupe l'excédent.

Lorsque ces sacs sont tous chargés, on en introduit un dans chaque pot : on le perce ensuite de plusieurs petits trous avec un long poinçon, et on saupoudre dessus un peu de poussier. On place ensuite la garniture, toujours la partie amorcée en bas : on l'assujettit avec un tampon de papier chiffonné, afin qu'elle ne balotte pas, et l'on ferme le pot avec une rouelle de carton que l'on colle circulairement d'une bande de papier de soie.

Composition pour les Chasses des Pots à feu.

Relien.	16 onces.
Charbon	3

On peut faire des pots à feu aussi grands que l'on veut, en y proportionnant les culots, les brins, les chasses, et la garniture que l'on fait, pour les grands et les petits, de serpenteaux, d'étoiles, d'étoiles à pets, de petits saucissons volants, de marons luisants, ou de météores.

Lorsqu'on a deux brins d'ordonnance réglée de même calibre et de la même quantité de pots, on peut les tirer adversairement en croisé, comme les caisses réglées ; autrement on les attache sur un tréteau, et ils jettent leurs garnitures droites en l'air.

Si on fait des pots à feu au dessus de trois pouces de diamètre intérieur, il est prudent de les recouvrir de plusieurs tours de grosse toile bien collée de colle forte, ou bien d'un rang serré de moyen cordeau bien collé de même.

Les artificiers de profession font garnir leurs pots à feu en cuivre ; alors ils servent toute leur vie et celle de leurs enfants.

Des Bombes.

Il y a plusieurs manières de faire les bombes. La plus simple, la plus sûre et la plus commode, quand on a un tourneur intelligent, est de les faire faire en bois, de deux pièces qui se ferment et s'emboîtent par le milieu comme une tabatière. (Pl. 5, fig. 7). On donne un douzième du diamètre d'épaisseur à la partie inférieure qui reçoit l'impulsion de la poudre, et un quinzième à la partie supérieure que l'on perce pour recevoir la fusée ; ce trou se nomme l'œil des bombes. On peut varier leurs garnitures autant que celles des fusées volantes. Cependant les étoiles et la pluie d'or sont celles qui leur conviennent le mieux, et qui sont, selon moi, les plus belles; celles en météores sont aussi très-belles.

Lorsque la bombe est chargée, avant de la fermer on colle l'assemblage avec de la colle forte, et l'on achève de remplir les interstices des garnitures avec du relien mêlé de deux tiers de flamboyure, que l'on fait entrer par l'œil; après quoi l'on y introduit la fusée qui doit y entrer juste et un peu de force, et on l'y retient avec de la colle forte. La bombe, ainsi chargée, se recouvre de quatre ou cinq révolutions de grosse toile imbibée de colle forte bien chaude, et on lui met ensuite une couche de papier de soie collé avec soin, pour plus de propreté. Elle doit, en cet état, être d'une ligne et demie moins grosse que l'ame du mortier. Cette distance, qu'il est absolument nécessaire de laisser, se nomme le vent; il empêche que le mortier ne crève et que la bombe ne se brise en partant.

Lorsque les bombes sont bien sèches, on amorce la fusée avec une étoupille double et de la pâte. On met ensuite un gobelet avec deux tours de papier blanc, pour recevoir un porte-feu double. On en conduit un dessous dans un cornet de carton fait en cône comme la chambre du mortier, et qui contient la poudre de chasse. On colle ensuite le tout avec plusieurs bandes de papier de soie. Le second porte-feu se prolonge assez pour sortir du mortier lorsque la bombe est au fond, et servir à lui donner feu. (Voyez la pl. 5, fig. 9.)

Les fusées de bombe se roulent avec de la carte en cinq, sur une baguette de quatre lignes de diamètre. On les charge de la composition suivante, avec une cuiller proportionnée au calibre. On a attention de battre vingt coups bien égaux à chaque charge. Elles ne se serrent ni ne s'étranglent.

Calibre des bombes.	*Longueur des fusées pour chaque calibre.*	*Poids de la chasse.*
Bombe de 4 pouc. de diam.	15 lignes	2 onc. de poudre à canon.
de 6 pouces	20 lignes	3 onces *idem*
de 9 pouces	24 lignes	6 onces *idem*.
de 12 pouces . . .	24 lignes	9 onces *idem*

Composition pour la fusée des Bombes.

Poussier.	12 onces.
Soufre.	4
Charbon.	6

Des Mortiers propres à jeter les Bombes.

Les mortiers de quatre et six pouces d'ame, se font en toile et carton. On prend de grosse toile serrée, d'une aune de large, que l'on étend sur une table bien unie : on l'imbibe de colle faite moitié farine et moitié colle forte : on la couvre avec plusieurs feuilles de fort carton que l'on colle aussi entièrement, à l'exception du premier tour. On roule le mortier sur un cylindre de bois jusqu'à l'épaisseur, savoir, pour ceux de quatre pouces, un pouce, et pour ceux de six pouces, un pouce et demi ; et on le laisse sécher sur le rouleau à l'ombre. Le mortier de quatre pouces de diamètre intérieur, doit en avoir six à l'extérieur ; et celui de six, doit en avoir neuf, tout fini.

Lorsque le mortier est bien sec, on retire le cylindre, et on le ferme par le bas avec un culot en bois de noyer, sur lequel on l'arrête avec de la colle forte et deux rangs de bons clous proportionnés à la grosseur du mortier. On creuse à la partie supérieure du culot, avant de le clouer au mortier, une chambre conique en forme de V; (voyez pl. 5, la fig. 10 est la coupe du culot.) Cette chambre K se double ordinairement en cuivre ou en tôle; elle est destinée à recevoir la chasse de la bombe, qui, renfermée dans un plus petit espace, agit avec plus de force. La chasse est ordinairement de la trentième partie de la pesanteur de la bombe, pour les chambres coniques; c'est une règle dont on est souvent obligé de s'écarter par l'expérience.

Beaucoup d'artificiers ont des mortiers sans chambres, c'est-à-dire, cylindriques. Mais c'est une mauvaise méthode, car il faut que la chasse soit beaucoup plus forte, en ce qu'elle agit sur toute la surface intérieure du mortier, et perd par là une grande partie de l'impulsion qu'elle devroit donner à la bombe : d'ailleurs, le mortier est plus en risque de crever. Voyez pour de plus amples détails le Bombardier français par Bélidor.

Les mortiers de neuf et de douze pouces doivent être faits en cuivre rouge laminé, de trois lignes d'épaisseur pour les mortiers de neuf pouces, et de cinq lignes pour ceux de douze pouces. La planche de cuivre se contourne sur un cylindre, et s'assemble, après avoir dentelé les deux côtés de la même manière que font les chaudronniers. Lorsque l'assemblage est fait, on le soude solidement, et on bat un peu le mortier, tant pour l'arrondir, que pour applanir les bavures qu'aurait pu laisser la soudure. On forme un cône en cuivre proportionné suivant l'échelle de la planche 5, figure 12; on le soude proprement dans l'intérieur du mortier, et on coule ensuite du plomb fondu sur ce cône jusqu'à deux pouces de distance des rebords, qu'on laisse pour pouvoir les percer et les clouer sur un pied de bois (fig. 13). Ce cône soudé et garni de plomb fondu oppose beaucoup de résistance, et jamais ces sortes de mortiers ne manquent par là. (La figure 11 de la planche 5, représente un de ces mortiers dans lequel on voit la bombe prête à être tirée.)

Il est nécessaire d'essayer une bombe avant d'en risquer en public ; car souvent les différentes sortes de poudre dérangent et détruisent les règles prescrites, soit en trop ou en moins de force, ce qui est facile à corriger lorsqu'on connaît le défaut.

Des Tourbillons ou Fusées de table.

Les tourbillons ordinaires se font avec des cartouches de fusées d'un pouce. On les étrangle : on les lie, et l'on coupe ensuite l'excédent de la ligature : on prépare deux tampons de papier égaux : on en met un dans la cartouche, et on le bat de quinze à vingt coups : on marque sur la cartouche la hauteur de ce tampon, et on la charge ensuite avec une des compositions suivantes, en battant avec un maillet proportionné trente coups bien appliqués à chaque charge, jusques à la hauteur de neuf diamètres extérieurs : on marque la hauteur de la matière, et on met l'autre tampon que l'on a préparé : on le bat comme le premier : on étrangle et on lie la cartouche : on coupe ensuite l'excédent de la ligature, et on la bat de huit à dix coups avec le maillet pour l'applatir.

On divise ensuite la cartouche en quatre parties égales et parallèles à chaque bout : on y trace trois lignes dans toute sa longueur, et on marque sur chacune la hauteur des tampons : on partage celle du milieu, qui devient le dessous de la pièce, en cinq parties égales d'un point à l'autre : on perce un trou à chaque division du dedans, avec un poinçon ou une vrille, jusqu'à la composition, et on fait à l'affleurement du tampon, sur les lignes latérales, deux pareils trous, l'un d'un côté, et l'autre de l'autre côté au bout opposé, en sorte que la cartouche porte quatre trous sur une ligne, et un sur chacune des deux autres. On amorce chaque trou avec un bout d'étoupille et de la pâte, et on en prolonge un que l'on fait passer sur tous les autres trous, afin qu'ils prennent feu tous à-la-fois. On couvre entièrement les étoupilles avec une bande de papier collé.

Pour tenir le tourbillon en situation horizontale, on coupe un morceau de cercle à tamis de même largeur et longueur que la cartouche : on y fait une entaille sur le plat, au milieu, pour y loger l'étoupille de communication, et on l'attache entre les quatre trous avec du fil-de-fer recuit. On le fait ensuite pirouetter sur une table unie, pour voir s'il est bien équilibré. Les quatre trous de dessous servent à l'élever en l'air, et les deux latéraux lui donnent le mouvement de rotation.

Lorsque l'on veut le tirer, on a un plateau bien uni de dix-huit pouces de diamètre : on cloue sur sa circonférence un cercle à tamis de quatre pouces de hauteur, sans aucun arrêt par dedans : on pose le tourbillon dans le milieu de ce plateau, et l'on donne feu à la mèche de communication avec une lance enflammée.

Son effet est de tourner avec rapidité dans le plateau, et de s'élever très-haut en formant un tourbillon de feu, qui finit par deux couronnes qui tombent en parasol. On observera qu'il ne jette de couronnes que lorsqu'il est chargé en feu chinois.

J'ai imaginé une autre manière de faire les tourbillons, pour les tirer sur une broche ; ce qui évite l'embarras des plateaux, et les fait aussi monter beaucoup plus droits. Au lieu de les charger entièrement de composition, on charge environ un diamètre intérieur de la cartouche de terre entre les deux trous du milieu, et on les achève de même que les autres. On perce ensuite, avec une vrille, un trou dans le milieu juste de la cartouche, et qui doit passer aussi au travers de la baguette, afin d'y enfiler une broche que l'on assujettit à quelque chose de solide, et l'on tire le tourbillon dessus ; alors, au lieu de faire passer l'étoupille de communication sous la baguette, on la fait passer à côté. Je trouve cette méthode beaucoup plus commode que la précédente.

Compositions pour les Tourbillons ou Fusées de table de différents calibres.

Matières.	*Calibres de 4 lign.*	*De 8 lignes en feu chinois.*	*De 10 lignes en feu chinois.*
Salpêtre. .	8 onces	16 onces	16 onces . . . . . .
Soufre. . .	4 onces	8 onces	8 onces . . . . . .
Poussier. .	16 onces	18 onces	16 onces . . . . . .
Charbon. .	1 once	0	0 . . . .
Fonte. . .	0	10 onces	12 onces . . . . . .

Autre Composition pour le calibre de huit lignes en feu commun.

Salpêtre. . . . . 16 onces.
Soufre. 4
Poussier. 7
Charbon. 4

CHAPITRE VI.

Des Feux qui font leur effet sur terre.

Des jets de feu.

Les jets de feu sont des cartouches que l'on charge massives, et avec lesquelles on forme des pièces dont l'arrangement dépend du goût. On fait des jets depuis le calibre de quatre lignes, jusqu'à quinze lignes de diamètre intérieur. On leur donne à peu près sept ou huit diamètres extérieurs de longueur : on les charge sur un culot (pl. 1, fig. 12), comme je l'ai dit à l'article de l'étranglement des cartouches, avec les compositions données au tableau suivant, et battues de vingt coups bien égaux à chaque charge, avec un maillet proportionné. On aura grande attention, lorsque l'on chargera des jets, de mettre toujours la première charge en feu commun.

Tableau des différentes Compositions pour les pièces tournantes et fixes.

Feu commun pour le calibre de quatre lignes.

Poussier	16 onces.	
Charbon fin	3	

Feu commun pour les calibres de cinq et six lignes.

Poussier	16 onces.	
Charbon fin	3	4 gros.

Feu commun pour les calibres au-dessus de six lignes.

Poussier	16 onces.	
Charbon fin	4	

Feu brillant ordinaire pour tout calibre.

Poussier	16 onces.	
Limaille de fer	4	

Autre plus beau, idem.

Poussier.	16 onces.
Limaille d'acier.	4

Autre composition plus fournie en brillant, et de même pour tout calibre.

Poussier.	18 onces.
Salpêtre.	2
Limaille.	5

Grand brillant pour calibre de huit lignes et au dessus.

Poussier.	16 onces.
Salpêtre.	1
Soufre.	1
Limaille.	7

Brillant clair pour tout calibre.

Poussier.	16 onces.
Limaille d'aiguilles	3

Pluie d'argent pour calibre au dessus de huit lignes.

Poussier.	16 onces.	
Salpêtre	1	
Soufre.	1	
Limaille d'acier fine.	4	4 gros.

Grand Jasmin pour tout calibre.

Poussier	16 onces.
Salpêtre	1
Soufre	1
Limaille de ressort	6

Petit Jasmin, idem.

Poussier	16 onces.
Salpêtre	1
Soufre	1
Limaille de ressort fine	5

Feu blanc, idem.

Poussier	16 onces.
Salpêtre	8
Soufre	2

Autre Feu blanc, idem.

Poussier	16 onces.
Soufre	3

Feu bleu pour Parasols et Cascades.

Poussier	8 onces.
Salpêtre	4
Soufre	6
Zinc	6

Autre Feu bleu, pour calibre de six lignes et au dessus.

Salpêtre.	8 onces.
Poussier.	4
Soufre.	4
Zinc.	17

Nota. Les cartouches chargées avec cette dernière composition, ne peuvent s'employer que pour garnir le centre de quelques pièces dont le mouvement serait imprimé par d'autres cartouches ; car celles-ci n'ont aucune force, et ne feraient point mouvoir la pièce.

Feu bleuâtre pour tout calibre.

Poussier.	16 onces.
Salpêtre.	2
Soufre.	8

Feu rayonnant, idem.

Poussier	16 onces.
Limaille d'épingles.	3

Feu verdâtre, idem.

Poussier	16 onces.	
Limaille de cuivre.	3	2 gros.

Feu aurore pour tout calibre.

Poussier	16 onces.
Poudre d'or.	3

Composition pour les Roses italiennes ou étoiles fixes.

Poussier.	2 onces.
Salpêtre.	4
Soufre.	1

Autre de même.

Poussier.	12 onces.
Salpêtre.	16
Soufre.	10
Antimoine	1

Manière d'amorcer et de blanchir les Cartouches.

Lorsque les cartouches sont chargées, on sonde, avec une petite vrille, dans le trou du dégorgement dont on fait tomber tant soit peu de matière, afin de s'assurer que la terre ne couvre pas intérieurement le trou de la broche. On y introduit un bout d'étoupille que l'on laisse déborder de quelques lignes, et on l'arrête fermement dans le trou, avec une petite cheville de bois.

On prend ensuite autant de demi-feuilles de

papier que l'on a de cartouches : on les arrange sur une table, les unes sur les autres, en les laissant déborder chacune de quatre lignes : on les colle, et on roule chaque cartouche dans une de ces feuilles qu'on nomme la chemise : on coupe le papier de manière à ce qu'il dépasse d'un pouce et demi de chaque bout de la cartouche.

Des Feux chinois.

On nomme feu chinois, une composition qui nous vient du peuple du même nom, et pour laquelle on emploie de la fonte de fer pilée, réduite en sable, et passée dans les tamis, comme je l'ai dit à l'article des matières.

Il y a une manière particulière de faire cette composition. On passe d'abord les matières trois fois dans le gros tamis de crin, à l'exception de la fleur de soufre et de la fonte, que l'on mêle toutes deux ensemble, et que l'on ajoute ensuite avec les autres matières : on manie bien le tout dans les mains, afin que le mélange soit bien fait : on en charge ensuite des jets, comme avec les autres compositions.

On peut humecter un peu la fonte avec de l'huile de vitriol ou de l'esprit de vin, afin que la fleur de soufre s'y attache. De cette manière le feu a beaucoup plus d'éclat; mais il arrive, lorsque la fonte est humectée d'esprit de vin, que, par un contraste singulier, elle prend feu intérieurement et risque d'incendier le magasin; c'est ce qui est arrivé plusieurs fois, et notamment à Paris.

On doit proportionner la grosseur de la fonte au calibre que l'on emploie, savoir, pour les calibres au dessous de sept lignes, le premier n.°, pour ceux de sept, jusques et compris dix lignes, le second n.°, et le troisième n.°, pour les calibres au dessus. On aura attention de remuer la composition toutes les deux ou trois charges, parce que la fonte, qui est la matière la plus pesante, tombe toujours au fond, et que, si elle n'était pas également répartie dans la composition, le feu serait irrégulier et sortirait par bouffées; c'est un grand défaut que l'on doit chercher à éviter autant que possible.

Les compositions de jasmin se font de la même manière pour le mélange.

Les cartouches en feu chinois s'emploient ordinairement pour garnir le pourtour d'une décoration, ou pour former des pyramides, des galeries, des ifs, des cascades, des palmiers, et enfin tout ce que l'imagination peut suggérer de plus agréable. J'en ai très-souvent employé sur des pièces tournantes pour leur dernier coup de feu. Par exemple, pour le dernier coup de feu d'une girandole, rien ne convient mieux que le feu chinois; il forme dans sa chûte des fleurs de toute beauté qui, jetées à l'écart par la rotation de la pièce, ressemblent, on ne peut mieux, à une girandole hydraulique dont les gouttes d'eau sont éclairées par les rayons du soleil. On observera que ce feu a très-peu de force, et qu'il convient d'ajouter avec ses cartouches deux jets en feu blanc, qui font tourner la pièce toujours rondement ; ce qui n'arriverait pas si le feu chinois brûlait seul. Il faut éviter que les pièces soient paresseuses, c'est-à-dire, qu'elles ne tournent lentement. Il vaut mieux les faire aller à trois ou quatre feux ; le spectacle en est plus court, mais bien plus beau.

Composition Chinoise pour le calibre au dessous de dix lignes.

Poussier	16 onces.
Salpêtre	16
Soufre	4
Charbon	4
Fonte	14

Autre, idem.

Poussier	16 onces.
Soufre	3
Charbon	3
Fonte	7

Autre idem*, pour Palmiers et Cascades.*

Salpêtre	12 onces.
Poussier	16
Soufre.	8
Charbon	4
Fonte	10

Autre idem*, en blanc pour huit et dix lignes de calibre.*

Salpêtre	16 onces.
Soufre	8
Poussier	16
Fonte	12

Autre pour des gerbes de dix, onze et douze lignes de calibre.

Salpêtre.	1 onces.
Soufre.	1
Poussier.	8
Charbon	1
Fonte.	8

Des Chandelles Romaines.

Les chandelles romaines se moulent à sec, sur un rouleau de sept lignes de diamètre. On leur donne communément quinze pouces de long :

on les étrangle d'un côté, on les lie, et on coupe l'excédent de la ligature.

Si l'on veut en charger plusieurs à la fois, on les lie ensemble, et on les tient droites devant soi : on introduit dans chacune une cuillerée de composition de fusée volante, que l'on bat légèrement de sept à huit petits coups : on met ensuite la valeur d'une amorce de pistolet de poudre fine grainée, sur laquelle on introduit une étoile moulée qui doit être, comme je l'ai dit, du calibre juste de la cartouche : on réitère une charge de composition, la même quantité de poudre et une étoile, et toujours de même jusqu'à ce qu'elles soient remplies entièrement. On fera bien attention de ne pas se tromper, et de ne pas mettre l'une devant l'autre, ou deux charges au lieu d'une. Je dis de battre légèrement la composition ; c'est afin de ne pas briser l'étoile qui est tendre, et qui ne produirait pas d'effet si elle était par morceaux.

Lorsque les chandelles romaines sont chargées, on les délie, et on roule un faux fourreau de papier au bout de chacune, du côté opposé à l'étranglement, lequel sert à recevoir la communication que l'on juge à propos de lui adapter. Si l'on veut s'en amuser, en les tirant une à une dans un chandelier, il suffit de les amorcer avec un bout d'étoupille et de la pâte ; si, au contraire, on veut en former des batteries dans un feu d'artifice, ou en monter sur quelques pièces fixes ou mobiles, on peut les faire terminer par des marons que l'on y attache en mettant un second faux-fourreau au bout étranglé ; on ouvre avec un poinçon le trou de l'étranglement, et on y introduit un bout d'étoupille sur lequel on pose le porte-feu étoupillé d'un maron, autour duquel on lie fermement le faux fourreau avec de la ficelle que l'on recouvre ensuite d'une bande de papier de soie.

L'effet des chandelles romaines est de pousser alternativement des étoiles brillantes à quinze ou vingt toises de hauteur ; et lorsqu'elles sont rangées sur des tringles en batteries, et qu'elles sont garnies de marons, elles finisssent par une agréable escopéterie.

Des Mosaïques simples.

Les mosaïques simples sont absolument la même chose que les chandelles romaines, et se font de même, à l'exception que la composition pour leurs étoiles moulées est différente, et produit un autre effet. Les chandelles romaines poussent une étoile brillante, au lieu que celles-ci ne poussent qu'une queue de feu semblable à celle d'une fusée volante. On leur adapte ordinairement des marons, comme je viens de le dire pour les chandelles romaines, et on les emploie de même.

Composition pour les étoiles moulées des Mosaïques.

Salpêtre	4 onces.	
Soufre	»	4 gros.
Poussier	16	
Charbon	3	

La pâte se fait comme celle des étoiles moulées, avec la même quantité de gomme arabique. On aura soin seulement de fouler un peu la composition avec l'emporte-pièce, afin que les étoiles soient bien serrées et bien formées.

Ces sortes de mosaïques sont très-belles quand on les emploie à propos, comme pour terminer un feu d'artifice, avant le bouquet. On peut en mettre un cent, et les attacher par couples sur des tringles à deux pieds de distance, en les inclinant de manière que leurs feux se croisent et forment un rideau qui se termine par une belle mousqueterie ; (pl. 6, fig. 6). On peut encore en mettre une douzaine sur le centre d'une pièce horizontale et mobile qui leur communique le feu à sa dernière reprise. Deux pièces semblables en parallèle, et partant ensemble, font un bel effet.

Il y a tant de manières de les employer, qu'il est impossible de les donner toutes. J'ai souvent établi de grandes pyramides de 40 à 50 pieds de haut, que je garnissais de chaque côté avec des tringles de mosaïques ; je plaçais au centre de cette pyramide un grand chiffre et une étoile au sommet en lances blanches ou de couleur ; la hauteur à laquelle le rideau de feu s'élevoit, jointe à celle de la pyramide, la beauté du chiffre et de l'étoile, occasionnée par le contraste d'un feu très-blanc avec un feu rouge, jetaient les spectateurs dans une surprise qui finissait par de grands applaudissements.

Des Flammes de Bengale.

Les flammes de Bengale font toujours le plus grand plaisir. La blancheur et l'éclat surprenant de leur lumière, étonnent même l'artiste qui les compose. C'est pour cette raison qu'elles sont restées long-temps ignorées, et que les possesseurs de ce secret l'ont toujours couvert d'un voile impénétrable.

Un peu d'or et beaucoup de sollicitations m'ont fait acquérir cette composition, qui n'est plus un secret, selon moi. Si je le gardais, je priverais les amateurs du plaisir qu'elle leur donnera infailliblement.

Composition.

Salpêtre.	3 livres.		
Soufre	»	13 onces.	4 gros.
Antimoine	»	7	4

Lorsque les matières sont pesées, on les passe, comme les autres compositions, trois fois dans le plus gros tamis de crin.

On peut faire des flammes depuis une once jusqu'à deux cents livres.

On met tout simplement la composition dans un vase de terre, qui ne soit pas plus large du haut que du bas, et proportionné au volume de la composition : on saupoudre la superficie de poussier sec : on la couvre d'une feuille de papier, et on l'amorce avec un porte-feu étoupillé.

CHAPITRE VII.

Manière d'établir des pièces d'artifice.

On peut imiter en feu d'artifice, tout ce que les hydraulistes représentent en eau, comme des cascades, des girandoles, des soleils, des nappes, etc. etc. etc. Il s'agit d'établir des carcasses en bois léger, et propres à recevoir l'artifice que l'on attache dessus.

Comme chaque pièce dépend du goût de la personne qui s'en occupe, on peut les varier autant que l'on veut. J'ai vu et j'ai exécuté bien des sortes de pièces, et à chaque instant l'imagination m'en fournit de nouvelles.

Les pièces mobiles ont des espèces de rouages

que l'on compose avec un moyeu, des tringles et des cercles à tamis; on les fait ou plus grands ou plus petits, ou simples ou doubles, ou triples, ou quadruples, ou même sextuples. Lorsque les pièces mobiles doivent tourner verticalement, leur moyeu doit être percé d'outre en outre, et garni de chaque côté d'une plaque de cuivre, pour éviter le frottement de l'axe sur le bois. Si elles doivent tourner horizontalement, on attache à la partie supérieure du trou du moyeu, une crapaudine en cuivre ou en fer, pour recevoir la pointe du pivot, et à sa partie inférieure, une plaque percée de même pour éviter le frottement. On a soin, avant de poser une pièce sur la broche, de la frotter de savon afin qu'elle tourne librement.

Des Soleils tournants.

Les soleils tournants se montent sur un affût, fait de la manière suivante. On fait tourner un moyeu de bois dur, de deux pouces et demi de longueur sur autant de diamètre, et dont les vives arêtes soient abattues de chaque bout, à huit lignes du centre. On perce un trou de cinq lignes dans la longueur, et trois autres à égale distance sur sa circonférence; ces trois derniers se taraudent pour recevoir trois rais de trois pouces de longueur, et cannelés au bout sur le travers. On perce un petit trou au dessous de chaque canelure, et on cloue deux plaques de cuivre percées, une à chaque bout du moyeu, comme je l'ai dit ci-devant, pour recevoir l'axe (pl. 4, fig. 9).

Le côté de l'amorce des jets se nomme la lumière, et l'autre se nomme la tête. On attache les jets chargés, comme on le juge à propos, avec une ou différentes compositions données au tableau pour les jets; on les attache, dis-je, de manière que la tête du premier regarde la lumière du second, et ainsi de suite, attendu que le premier jet en finissant doit communiquer feu au second, le second au troisième, et ainsi des autres, s'il y en a davantage: car, quoiqu'il n'y ait que trois rais pour recevoir trois cartouches, on peut en mettre six, en en attachant trois en travers sur les trois autres; (pl. 4, fig. 3).

Lorsque les jets sont attachés bien fermement avec de la ficelle ou du fil-de-fer, comme on le trouvera plus commode, on les fait communiquer avec des porte-feux étoupillés, en renfermant un bout dans le gobelet de la tête du premier jet, et l'autre bout dans celui de la lumière du second. On ferme le gobelet en le pressant dans les doigts, et on le lie avec de la ficelle, et ainsi des autres; (pl. 4, fig. 3).

Toutes les communications en général se font

de la même manière, avec des cartouches de porte-feu garnies d'étoupilles. On les prolonge autant que l'on veut, en les ajoutant les unes au bout des autres, et les collant à chaque jointure avec un morceau de papier de soie. J'ai fait des communications de cent vingt pieds de long.

Je donne ici les compositions dont je me suis servi bien des fois, lorsque je voulais donner un beau soleil à six cartouches pour la première pièce d'un feu. Il faut employer des cartouches de jets de huit lignes de diamètre intérieur, et les monter sur l'affût, comme je l'ai dit précédemment (pl. 4, fig. 9).

Compositions pour un soleil à variations, de huit lignes de calibre.

N.° 1, *premier changement.*

Salpêtre	16 onces.
Soufre	6
Poussier	3

N.° 2, *second changement.*

Composition, n.° 1.	2 onces.
Poussier	2

N.° 3, *troisième changement.*

Composition, n.° 2 . . . . 1 once.
Poussier. 1

N.° 4, *quatrième changement.*

Composition, n.° 3 . . . . 1 onces.
Poussier 1

N.° 5, *cinquième ehangement.*

Composition, n.° 4 . . . . 1 onces.
Poussier. 1

N.° 6, *Sixième changement*

Poussier seul, deux charges.

On prend les compositions ci-dessus pour la troisième cartouche du soleil. La première cartouche en feu commun; la seconde, en pluie d'argent; la troisième, deux charges de feu commun, ensuite une charge n.° 1, deux charges n.° 2, trois charges n.° 3, quatre charges n.° 4, quatre charges n.° 5, et deux charges n.° 6; la quatrième cartouche en grand brillant; la cinquième comme la troisième; et la sixième en grand jasmin.

Ce soleil, bien chargé avec soin, est de toute beauté. Le poteau qui le porte doit être scellé solidement : car, quand il arrive aux quatrième, cinquième et sixième n.^{os}, il ne tourne pas, mais il foudroie et fait un bruit épouvantable : assurément il secoue le poteau de la bonne manière. Un beau soleil fait toujours plaisir, et surtout lorsqu'il est varié dans sa composition.

Des Soleils fixes.

Pour bien faire un soleil fixe, il faut chercher à imiter l'astre du jour autant qu'il est possible. On assemble des tringles en forme de rayons sur un rond de planche, et l'on attache à leur extrémité des jets chargés en feu brillant, que l'on communique de manière qu'ils partent tous ensemble. (Pl. 5, fig. 1). Ces sortes de soleils servent et sont très-propres à être employés pour pièce d'amortissement sur le sommet d'une décoration. On en fait qui ont jusqu'à soixante pieds de diamètre, auxquels on proportionne le calibre des jets. Les soleils fixes ordinaires se font de dix pieds ; et dix pieds de largeur, dont le feu s'étend de chaque côté, font trente pieds de diamètre : certes c'est une grandeur passable.

Des Caprices.

On prend un tuyau de bois léger, de sept pouces de longueur, et percé, de part en part, d'un trou de cinq lignes : on pratique à chaque bout un moyeu de deux pouces un quart de diamètre, sur un pouce et demi de hauteur : on réduit le reste en mourant à quinze lignes de grosseur : on perce ces moyeux de trois trous également compassés et opposés les uns aux autres, pour recevoir des rais de trois pouces de longueur, et canelés sur le travers comme ceux des soleils tournants : on couvre un de ces moyeux avec une crapaudine pour poser sur la pointe du pivot, et on l'y cloue : on pique à côté un grand clou plat et sans tête, de trois pouces de saillie, auquel on attache un jet droit sur la crapaudine : on attache les autres de manière que le premier qui prend feu le pousse en contre-bas, le second verticalement, le troisième horizontalement, les quatrième, cinquième, sixième et septième qui sont attachés au clou, doivent partir ensemble, et pousser leur feu ; savoir, le quatrième en contre-bas, le cinquième verticalement un peu incliné, le sixième horizontalement, et le septième verticalement (pl. 4, fig. 1).

On communique la pièce, et on laisse pendre un bout de porte-feu, assez long pour pouvoir y donner feu avec une lance, lorsqu'elle est posée sur son pivot au bout d'une perche scellée en terre.

Des Girandoles, et des différents Coups de feu qu'on peut leur faire produire.

Les girandoles ne sont autre chose que des rouages qui portent à leur centre un moyeu garni d'une crapaudine. Elles se font en général avec du bois léger, et un morceau de cercle à tamis d'un pouce de largeur, qui borde leur circonférence. Elles doivent aller à deux feux, c'est-à-dire brûler deux cartouches à la fois, et opposées l'une à l'autre.

On leur fait faire le parasol, en plaçant horizontalement des cartouches chargées en composition de feu bleu, pour parasols et cascades, ou bien en composition chinoise. On leur fait jouer la cascade, en plaçant de ces mêmes cartouches verticalement, horizontalement, et inclinées un peu perpendiculairement; le bouquet de fleurs, en attachant dessus une demi-douzaine de cartouches de dix lignes, chargées en composition chinoise donnée dans le tableau pour les gerbes de dix, onze et douze lignes; la pétarade, en y attachant des chandelles romaines, ou des mosaïques simples; et enfin la gerbe, en y attachant, au centre, des cartouches vides dans lesquelles on enfile les baguettes des fusées volantes que l'on communique avec la tête de la dernière cartouche.

Il y a d'autres manières de varier l'effet des girandoles. On peut encore leur faire imiter la pluie de feu, en plaçant en contre-bas des cartouches chargées avec la composition de la pluie de feu donnée au chapitre neuvième, pour les artifices de théâtre.

Généralement la dernière reprise des pièces doit toujours être la plus belle et la plus abondante en feu.

Du Caprice pétant.

On fait faire une table ronde, en bois de noyer, de vingt pouces de diamètre, et de quinze lignes d'épaisseur, portant au centre un moyeu garni d'une crapaudine. On perce dans la circonférence de la table, à deux pouces du bord, huit trous à écrous, également compassés, pour recevoir huit pots à feu de deux pouces de calibre, et quatre autres trous autour du moyeu, pour recevoir quatre autres pots. On attache, de distance en distance, sur le bord de la table, de petits tasseaux saillants de trois pouces, sur le bout desquels on cloue un cercle à tamis d'un pouce de largeur. (Pl. 5, la fig. 3 est le plan de la pièce vue par dessus.) On visse les pots à feu dans les trous à écrous, et l'on garnit le cercle avec des jets en feu brillant, que l'on attache suivant les coups de feu que l'on veut produire. Il faut que cette pièce aille à trois feux, pour qu'elle tourne rondement, vu sa pesanteur. Si on la met à quatre reprises, on la communique de manière à ce qu'il parte deux pots à feu à la fin de la première, autant à la seconde et à la troisième, et le reste à la fin de la dernière, ce qui ne manquera pas de faire un couronnement très-bruyant. (Pl. 5, la fig. deuxième est la pièce toute garnie.)

Des Rouages, et de leurs Garnitures.

On fait des roues de plusieurs grandeurs. Les plus communes sont de trois et quatre pieds de diamètre, avec un moyeu de bois dur, garnies de rais en bois leger, et bordées d'un fort cercle à tamis (pl. 4, fig. 7). On les garnit plus ou moins; mais, comme ces roues vont à deux, trois et quatre feux, suivant leur grandeur, si on les garnissait trop, la pesanteur nuirait à leur rotation. Il faut se contenter de les faire à six reprises. Leur centre se garnit de plusieurs manières : il se garnit avec des ronds de lances blanches, posés à deux pouces de distance les uns des autres, sur un rond de cercle à tamis cloué sur les rais de la roue, comme on le voit aux parties B de la fig. 7, pl. 4. On peut, lorsqu'il y a plusieurs ronds, en mettre en lances blanches, bleues et jaunes, ou bien en colimaçon, ou avec des gerbes chinoises, ou des cartouches de feu bleu, ou enfin avec de petits soleils tournants dont on pose les axes sur les rais.

On peut aussi leur faire faire le miroir, en garnissant tous les rais de lances blanches.

Pour leur dernier coup de feu, on attache quatre cartouches dans le centre, qui poussent leur feu dans l'intérieur de la roue, et deux autres en travers des dernières, sur le pourtour; et on les communique toutes par la lumière, afin qu'elles partent ensemble. (Pl. 4, la fig. 7 est la vue de la pièce toute garnie.)

J'ai fait mouvoir des automates par le moyen d'une roue garnie de jets de feu brillant. Rien n'est si facile; avec un peu d'intelligence, on le comprendra aisément.

Je me suis servi d'une figure d'arlequin; c'est celle qui convient le mieux. Je l'ai fait découper et peindre sur une volige de sapin. La tête, les bras et les jambes étaient à charnières libres, et le corps était fixé et attaché ferme à l'axe, avec de petits taquets que j'ai cloués derrière la tête, les coudes et les genoux, et d'autres taquets correspondants sur les rais de la roue. Mon automate faisait toutes les contorsions et prenait toutes les postures convenables à sa caricature. Rien au monde n'est si surprenant et si singulier, lorsqu'on ne s'y attend pas, de voir une figure semblable dans le milieu d'un volume de feu, sans qu'il soit possible de présumer que quelqu'un la fait jouer.

Du Feu guilloché.

Le feu guilloché s'exécute avec deux roues de pareille grandeur, tournantes à contre-sens sur un même axe, et garnies de jets de feu penchés environ à quarante-cinq degrés à plomb du milieu. Ces roues doivent aller à quatre feux, ce qui fait sur les deux roues huit cartouches qui brûlent à la fois. Je les fais à six reprises, ainsi c'est au total quarante-huit cartouches ; et je garnis leur centre avec des croissants en lances, qui imitent, en tournant, un combat de serpents.

Il y a des personnes qui attachent à chaque roue, sur le moyeu, une roue dentelée qui s'engrène dans une lanterne fixée sur l'axe. Je m'en suis servi; mais j'ai trouvé que l'effet était le même sans roue ni lanterne, et c'est une dépense et des peines de moins.

Des Ailes, ou Feu croisé.

On a deux tringles de huit pieds de longueur, percées dans le milieu, d'un trou quarré, pour recevoir chacune un petit moyeu assez long, afin qu'il y ait entre elles de la distance pour ne pas se gêner en tournant. On les garnit en échelle à chaque bout, avec des jets brillants, et de manière que ces ailes tournent à contre-sens. On attache deux jets brillants qui poussent leur feu en dedans à chaque, pour qu'ils partent avec la dernière reprise. (Voyez les parties T de la fig. 1.re, pl. 6, pour ces cartouches.)

Je nomme cette pièce des ailes, parce qu'elle ressemble assez à des ailes de moulin à vent.

Du Caducée.

Si l'on veut représenter un caducée, on prend des cercles à tamis, que l'on coupe à quatre ou six lignes de largeur, et que l'on contourne comme la fig. M, pl. 6. On pique dessus, à deux pouces de distance, des clous d'épingle sans tête; on y monte des lances d'illumination, et on les communique ensemble : on attache ensuite les cercles sur les ailes, comme la fig. 1.re, même pl. 6, les représente, et l'on communique les lances avec la seconde reprise des jets. Ces doubles croissants représenteront plusieurs figures en tournant, et notamment un caducée.

Des Globes.

On construit des sphères en bois léger et mince, qui tournent verticalement dans un hémisphère posé sur un pivot, et qui tourne aussi, mais horizontalement. On attache dessus, en diagonale, des cercles à tamis sur lesquels on pique, à trois pouces de distance les uns des autres, des clous d'épingle, pour recevoir des lances d'illumination que l'on communique ; et l'on attache sur la ligne centrale de la sphère et de l'hémisphère, des cartouches en feu blanc, qui leur impriment le mouvement de rotation, tandis que les lances leur donnent en feu la forme naturelle d'une sphère (pl. 6, fig. 2).

On fait de petits globes simples, et garnis de lances blanches et de couleurs, que l'on emploie sur des décorations, sur le sommet d'une pyramide, ou pour d'autres pièces idéales.

Du Globe brisé, pour une surprise.

L'effet de cette pièce est tout-à-fait surprenant. C'est un globe qui tourne horizontalement sur un pivot. Il est sans hémisphère, et fait en quatre parties égales qui s'assemblent avec des charnières en fer, à la partie inférieure du globe, et qui s'arrêtent, avec une forte étoupille, à la partie supérieure garnie intérieurement de quatre ressorts en acier, qui font ouvrir le globe en quatre parties, lorsque l'étoupille de détente est brûlée. On le garnit de lances et de cartouches, comme les précédents; et l'on met dans l'intérieur un petit tambour à découpure qui est fixé sur la broche, et ne doit prendre feu que lorsque la détente est lâchée, et que le globe est ouvert.

Des Spirales ou Vis sans fin.

Les spirales, qui ont absolument la forme d'un pain de sucre, se forment avec des tringles de sapin fort mince, que l'on cloue sur le cercle d'une roüe percée au centre d'un trou assez grand pour passer le pivot : on les assemble en cône à l'autre extrémité. On attache aux trois quarts environ de sa hauteur, en dedans, un rond de planche, portant au centre une crapaudine pour recevoir la pointe du pivot : on cloue en spirale, sur la circonférence de la pièce, un cercle à tamis d'un doigt de largeur sur lequel on pique des clous d'épingle sans tête, à trois pouces de distance les uns des autres, pour recevoir des lances d'illumination que l'on fait entrer, et qu'on colle dessus : on les communique ensuite, en passant au travers de chacune, un peu au-dessous de l'amorce, un bout de fil-de-fer de carcasse fort mince, qui sert à arrêter le porte-feu étoupillé, que l'on ouvre avec des ciseaux au dessus de chacune, afin que l'étoupille touche l'amorce : on coupe l'excédent du fil-de-fer, et on le colle ensuite proprement avec des bandes de papier de soie : on attache des jets de feu blanc sur la roue pour la faire tourner, et on les communique avec les lances ; et le tout de manière que les cartouches de jet ne durent pas plus que les lances (pl. 4, fig. 8).

Du grand Caprice tombant.

Ce caprice diffère des autres, en ce qu'il se sépare, au milieu de son jeu, en trois parties auxquelles on ne s'attend pas.

C'est un assemblage de trois roues dont les moyeux s'emboîtent l'un sur l'autre, et sont retenus seulement par une grosse ficelle de détente, qui passe à travers une cartouche posée verticalement sur le milieu de la roue supérieure A, (pl. 6, fig. 5) ; la roue du milieu B, se fait de deux pieds et demi de diamètre ; et les deux autres A, C, de deux pieds. On les garnit de cartouches pour les faire aller à deux feux ; et, en supposant le caprice à six reprises, on communique la cartouche de détente à la quatrième reprise : on ajoute pour le coup de feu de la dernière reprise, plusieurs cartouches en travers des roues, d'autres perpendiculairement, verticalement et inclinées à plusieurs degrés, afin que le feu en soit plus garni. Le dernier coup de feu se met ordinairement en feu chinois ou en jasmin. On monte le caprice sur une broche de fer, de six pieds de haut, portant au milieu un arrêt. Au moment où la détente part, la roue du bas passe dessus, et vient tomber sur l'arrêt d'en bas; la plus grande, qui est celle du milieu, tombe sur l'arrêt du milieu et y tourne; et la troisième demeure sur le bout de la broche qui lui sert de pivot. Cette pièce est très-belle lorsqu'elle est bien exécutée. (Pl. 6, la figure 5 offre la vue de la pièce après sa detente).

Des Palmiers.

On construit un bâti de la figure d'un palmier, avec des voliges de sapin, sur un fort morceau de planche qui en représente le tronc, (pl. 5, fig. 4). On garnit l'extrémité des branches avec des gerbes chinoises, et on les communique toutes par la lumière, afin qu'elles partent ensemble. On peut les garnir de marons si on le veut.

De la Pièce qui représente la Lune et les Étoiles.

On a une roue de dix-huit pouces de diamètre, dont on garnit les rais avec des lances blanches, et le pourtour avec des cartouches de jet pour la faire tourner : on fait un croissant en tôle, de même diamètre, portant au milieu un trou pour servir à le fixer sur la broche qui traverse la roue et lui sert d'axe. On a ensuite quatre tringles de sept pieds de long, assemblées au milieu, de manière à former huit branches : on les garnit d'étoiles fixes, attachées dessus à huit pouces de distance les unes des autres : on les communique ensemble : on enfile le bâti de tringles garnies sur la broche : on l'arrête avec un clou contre le poteau : et on met ensuite la roue et le croissant que l'on communique ensemble. Il faut avoir attention de mettre un bout de cartouche vide sur la broche, entre les tringles et la roue, et un autre entre cette dernière et le croissant, afin de laisser assez de distance d'un côté et de l'autre pour que la roue tourne sans accrocher. La lumière des lances qui se trouvent derrière le croissant, le découpe et le fait paraître : et les étoiles fixes qui sont autour représentent parfaitement celles du firmament. (Pl. 6, fig. 3.)

Des Tambours et autres pièces en découpure, et des Transparents.

On choisit toujours, pour faire une découpure, un dessin analogue à la fête. Pour un mariage, on y mettra le chiffre des époux ; ou des cœurs enflammés, ornés de guirlandes de fleurs ; ou une devise, etc.

On prépare d'abord un carton de grandeur convenable, on le met en noir de détrempe, on le dessine et on le découpe : on le pose ensuite sur un tambour de même grandeur, garni d'un soleil tournant chargé en feu brillant. (Pl. 3, fig. 8.)

On fait des tambours de toute forme et de toute grandeur, pourvu que les rebords aient un pied de large, afin de contenir le feu du soleil et de le forcer à passer au travers de la découpure.

J'ai composé une grande pièce, dont le dernier coup de feu se terminoit par six de ces tambours, montés sur six branches assemblées sur le même moyeu.

On peut aussi découper des cascades, ou autres dessins, et faire jouer un ou plusieurs soleils tournants derrière, suivant leur grandeur.

Au lieu de découpure, on emploie quelquefois des transparents peints avec des couleurs fines, sur de mince taffetas de Florence ; mais ces sortes de tableaux ne font pas l'effet des découpures : à mon avis, ces dernières sont préférables.

De l'Étoile en panneau, avec un grand coup de feu.

La figure 2 de la planche 4, représente une étoile, avec un soleil tournant au milieu ; elle porte des rebords de neuf pouces de saillie S, qui servent à contenir le feu du soleil, qui joue d'abord avec les cinq qui sont sur les branches, à la fin desquels on met le feu à une étoupille qui le communique aux ifs des branches H. On peut garnir les bords S de l'étoile, avec des roses italiennes ou étoiles fixes, l'effet en sera plus beau, et les faire partir avant les soleils ou après, et avant le coup de feu des ifs.

De la Roue de table simple, double et triple.

La roue de table est une espèce de girandole qui tourne circulairement sur une table ronde attachée sur le bout d'un poteau scellé en terre.

On fait faire un moyeu de huit pouces de long, percé, au centre, d'un trou de six lignes de diamètre, pour recevoir une longue broche applatie d'un bout, et percée, au milieu de ce bout, d'un trou de six lignes qui s'enfile sur la broche A, au centre de la table. Ce moyeu doit porter une roue, que l'on fait en y ajustant des rais, garnie d'un cercle sur lequel on attache des jets qui font tourner la pièce avec vivacité (pl. 4, fig. 6). Le centre de cette roue se garnit ordinairement avec des lances. Cette pièce se fait double et triple, en substituant des broches (fig. 4 et 5). Lorsqu'elles sont à deux roues, on met à l'une des lances bleues, et à l'autre des lances jaunes. Lorsqu'elles sont à trois roues, on met à l'une des lances blanches, à l'autre des lances bleues, et à la troisième des lances jaunes. Ces ronds de feu de couleur ne font qu'augmenter la beauté de la pièce, qu'il est possible de varier en ajoutant au centre une pyramide à vis sans fin, garnie de lances blanches et tournantes à contre-sens des roues. On peut encore, au lieu de ronds de lances, faire des spirales, ou mettre, au lieu de roue, des globes garnis de lances, sur le centre desquels on attache des cartouches pour les faire tourner. Ces petits globes sont fixés sur un moyeu qui porte une roulette convexe, comme la partie B du moyeu (pl. 4, fig. 6).

Du Nœud d'Amour.

On appelle nœud d'amour, un assemblage de trois roues, garnies chacune de deux ronds de lances blanches ou de couleur, et placées comme à la figure 4, planche 5.

De la grande Etoile fixe.

On prend cinq tringles de trois pieds de long, que l'on cloue sur un rond de planche divisé en cinq parties égales. On attache à chaque extrémité deux cartouches de jet, comme on le voit à la pl. 8, fig. 4 de la pièce pyrique, et l'on communique tous ces jets ensemble. On peut poser près des jets, à chaque bout, un petit soleil tournant à trois reprises. Les soleils jouent d'abord tous les cinq ensemble, et communiquent ensuite le feu aux cartouches de jets qui forment l'étoile : cette communication se fait par des emboîtages, comme je vais le dire.

Manière de communiquer le feu d'une pièce fixe à une mobile, et d'une mobile à une fixe.

Ne pouvant adapter de communication d'une pièce mobile à une fixe, on a imaginé de creuser sur le bout des moyeux une rainure circulaire de deux lignes en quarré, dans laquelle on colle, avec de l'amorce, une étoupille qui passe dans un trou pratiqué de l'intérieur de cette rainure au pied d'un des rais de la roue, ou soleil, et que l'on communique avec la tête du dernier jet de la pièce, en supposant que cette même pièce doive partir la première (pl. 7, fig. 1.re). Mais, pour celle qui doit recevoir le feu et le communiquer à un autre, elle doit avoir des rainures de chaque côté de son moyeu, l'une pour recevoir le feu qui est communiqué avec la lumière du premier jet, et l'autre pour donner le feu qui est communiqué avec la tête du dernier.

De la pièce Pyrique.

Une pièce pyrique est un assemblage de plusieurs pièces fixes et mobiles, posées sur un même axe, et qui partent par ordre et successivement, en se communiquant alternativement le feu. Ces pièces doivent être faites par gradation, de manière que la première, après son effet, n'empêche pas de voir la seconde, celle-ci la troisième, et ainsi de suite.

La pièce pyrique commence ordinairement par un soleil tournant à trois reprises (fig. 1.re, pl. 7) qui communique le feu à un soleil fixe (fig. 2), celui-ci à une roue garnie d'un ou de plusieurs ronds de lances (fig. 3), et un peu plus grande que le soleil fixe : cette roue communique le feu à un étoile fixe (fig. 4, pl. 8) qui le porte ensuite à une grande roue garnie de plusieurs coups de feu, et principalement de feu chinois : cette autre roue (fig. 5) communique à une pièce composée de six rouages à colimaçon, en feu de couleur (fig. 6, pl. 8), qui communique enfin à quatre aîles de différentes grandeurs, et qui portent à chaque bout un rateau garni de jets brillants et de marons. (Pl. 8, fig. 8. 8, 7. 7).

Les moyeux des pièces doivent être recouverts d'un cylindre en cuivre ou en fer-blanc (pl. 7, fig. 9) qui prend depuis la partie V jusqu'à la partie T, et qui déborde assez pour couvrir sur le moyeu jusques aux rais de la pièce mobile, afin d'empécher les étincelles de mettre le feu aux rainures, ce qui arriverait infailliblement. Les moyeux des pièces fixes doivent être de deux ou trois lignes plus forts que ceux des pièces mobiles, afin que le cylindre, qui est juste de la grosseur de leur moyeu, ne puisse pas gêner la rotation de ces dernières.

Il est prudent d'ajouter à chaque pièce, une communication qui soit assez longue pour y donner feu avec une lance, dans le cas où l'étoupille de la rainure viendrait à manquer. Comme la quantité de pièces sur un même axe le fatigue beaucoup, on lui met un support (fig. 9), en posant sur la croix le moyeu de la première pièce fixe. (La figure 10 est la vue de l'axe de la pièce).

Des Ifs.

Pour former des ifs, on attache des jets de feu brillant, jasmin ou chinois, sur une tringle, suivant la forme que l'on veut lui donner, et l'on communique tous les jets ensemble par la lumière. On fait ces ifs aussi abondants en feu que l'on veut, en mettant plus ou moins de jets, auxquels on peut ajouter des marons.

Des Cascades.

Il y a des cascades fixes et des cascades tournantes. Les cascades fixes sont un assemblage de tringles garnies de cartouches chargées en feu chinois, et placées les unes au dessus des autres, à huit ou dix pieds de distance, et qui prennent feu ensemble.

Les cascades tournantes se font avec un moyeu, de quatre pieds de long, portant, au centre et vers le milieu, une crapaudine pour recevoir la pointe d'un pivot. On forme, à l'extrémité inférieure, une roue de trois pieds et demi de diamètre, et à la partie supérieure, une autre roue d'un pied : ces roues se garnissent en feu chinois, et on y ajoute quelques jets en feu blanc pour faire tourner la pièce. On met sur le centre de la roue supérieure une cartouche de feu brillant, qui doit partir en même tems que la dernière reprise.

Cinq ou six de ces cascades partant ensemble, font un très-joli coup de feu.

Du coup de Tonnerre et des Eclairs.

On imite le tonnerre avec une certaine quantité de marons attachés et communiqués ensemble sur des tringles, à deux pieds de distance les uns des autres; on en met de toutes grosseurs, de quatre, six, huit, dix, douze, quinze, et vingt-quatre lignes. Ils doivent partir par gradation, le plus gros le dernier. Cette multiplicité de coups ressemble assez bien à l'éclat de la foudre, sur-tout lorsqu'elle est précédée de quelques éclairs. Voyez, pour ces derniers, le chapitre du Théâtre.

Du Parasol en feu chinois.

On a une roue horizontale de deux pieds de diamètre : on la garnit autour de huit ou dix cartouches de gerbes chinoises de dix lignes, de manière qu'elles jettent leur feu horizontalement : on y ajoute deux cartouches de feu blanc, pour la faire tourner ; et l'on communique la pièce. On aura, lorsqu'elle sera en feu, un parasol de 25 à 30 pieds de diamètre, qui se formera par la chûte des fleurs les unes sur les autres. On peut faire cette pièce à une ou plusieurs reprises, en observant que la dernière soit toujours la plus abondante en feu.

Des Décorations en Lances blanches et de couleur.

Un feu d'artifice se termine presque toujours par une décoration que l'on fait analogue au sujet de la fête. Pour cela, on a souvent recours aux architectes qui dessinent et font exécuter, en charpente revêtue de voliges de sapin peintes à la détrempe, des arcs de triomphe, des façades de palais, des colonnades, ou des rochers d'où sortent des torrents qui tombent en cascades sur des naïades qui se jouent de l'impétuosité des flots. Les rochers sont surmontés d'un temple à l'hymen, entouré de jets d'eau en cascades. Ces jets d'eau sont imités par des jets de feu brillant ou chinois, et semblent rentrer en eux-mêmes pour rejoindre le torrent (pl. 10, fig. 1).

On garnit les décorations de plusieurs manières: on les garnit avec des lances d'illumination blanches ou de couleur, que l'on attache sur le bâti, et suivant les contours du dessin, en piquant, de quatre pouces en quatre pouces, des clous d'épingle sans tête, sur lesquels on fait entrer les lances qu'on a trempées un peu dans la colle forte, afin qu'elles tiennent au bois; on les communique ensuite, comme je l'ai dit pour les pièces fixes et mobiles.

Si c'est une façade de temple à colonnes, surmonté de quelques attributs, on met les colonnes en lances bleues, l'entablement en lances blanches, et les attributs en lances jaunes, ou d'autre manière, si le goût suggère d'autres arrangements.

On garnit aussi des decors en mèches de couleur, que l'on tient éloignées de six pouces du bois avec de petits bâtis de fil-de-fer : on les communique comme je l'ai dit ci-devant; mais ces sortes de garnitures ne sont guère en usage; car la grande fumée qu'elles rendent incommode beaucoup, à moins que le vent ne soit en face, et ne la chasse du côté opposé au public.

Des Décorations en découpures.

Les découpures, à mon avis, sont préférables aux lances et à la mèche de couleur, surtout pour une décoration d'une vingtaine de pieds. Lorsque le dessin est fait, on construit des châssis avec des tringles de sapin, et on les couvre de forte toile sur laquelle on colle, de chaque côté, deux ou trois révolutions de papier : on met le tout en noir à la détrempe : on trace le dessin sur ces toiles, et on les découpe adroitement : on a attention de ne découper que les contours, les parties saillantes, les ornements que l'on prodigue alors, les figures, s'il y en a, les volutes, etc. etc.

On dresse la décoration sur une légère façade de charpente, et on l'entoure d'un rebord de planche de deux à trois à pieds de large, afin de contenir le feu des soleils que l'on met derrière en assez grande quantité pour remplir toutes les parties découpées.

Des Décorations en transparent.

On fait aussi des décorations avec des châssis de toile fine et transparente, sur laquelle on peint le sujet en couleurs à la thérébentine et au vernis, et employées tres-claires.

On fait une illumination de lances sur des tringles que l'on attache derriere le transparent, et qui le dessine lorqu'elle s'enflamme.

Des Galeries de Feu.

Les galeries de feu ne sont autre chose que de longues tringles garnies, de distance en distance, avec des gerbes chinoises, qui partent toutes ensemble. Ces tringles se placent de chaque côté de la décoration, et doivent partir auparavant. Souvent on met un maron à la fin de chaque gerbe; l'effet en est plus bruyant.

Des Batteries en Chandelles romaines et en Mosaïques.

Pour former des batteries en chandelles romaines garnies de marons, on les attache, à deux pieds de distance les unes des autres, sur de longues tringles, et on les communique ensemble. Ces batteries se placent derrière le feu, près de la décoration, et on les tire avant ou après, comme on veut, mais le mieux après, et avant de mettre le feu au bouquet.

On en fait de même en mosaïques, comme je l'ai dit à leur article.

Des Illuminations.

Les illuminations ont été de tout temps un

signe de l'allégresse publique; et il est peu de réjouissances qui ne se terminent par des illuminations générales. Chaque citoyen y coopère, en éclairant le devant de sa maison avec des lampions ou des lanternes. Les frais des décorations sont réservés au gouvernement qui déploie alors toute la magnificence possible. J'ai vu à Paris des façades décorées et illuminées, où l'on comptait plus de vingt mille lumières.

L'origine des illuminations est très-ancienne. Les Egyptiens avaient une fête appelée la Fête des Lampes, qu'on célébrait dans toute l'Egypte, particulièrement à Saïs, dont tous les habitants étaient obligés d'allumer le plus de lampes qu'ils pouvaient sur les fenêtres de leurs maisons. Hérodote, qui en fait la description, dit qu'outre le temps ordinaire, on la célébra lorsque le dieu Apis parut, pendant que Cambyse était en Egypte. Les Grecs et les Romains avaient aussi des fêtes ou des illuminations appelées *Lampadaria*, qui étaient presqu'aussi générales, et dans lesquelles on allumait une infinité de lampes à l'honneur de Minerve, de Vulcain, de Prométhée, de Bacchus, etc. Celles de Bacchus s'appelaient *Lamptericæ*.

Les illuminations, qu'on s'étudie tous les jours à rendre plus brillantes et plus magnifiques, se font en plusieurs sortes de lumières. On y emploie le lampion qui se fait en fer blanc, lorsqu'il doit être attaché pour former un dessin, ou en terre, s'il doit être posé seulement sur des saillies ou des plinthes. Le lampion se remplit de suif, avec une mèche au milieu, qui y est soutenue par un petit ressort en fil-de-fer ; on imbibe le bout de la mèche avec de l'huile d'aspic ou de thérébentine. On cloue les lampions de fer blanc sur des tringles, suivant les contours du dessin que l'on veut former.

On fait des lampions de quatre ou cinq pouces de diamètre, auxquels on proportionne la mèche ; on les place sur les angles saillants, ou dans des endroits écartés et élevés, où il serait difficile d'en allumer un grand nombre de petits.

On fait même des terrines de quinze pouces de diamètre, ou plus, si on veut, en proportionnant toujours la mèche à la quantité de suif que l'on a à consommer.

Maintenant on est dans le goût de faire des illuminations de couleur. Les fêtes champêtres qui, depuis quelques années, font les amusements de la capitale, ne sont presque illuminées qu'en couleurs différentes et entre-mêlées, ce qui fait un assez bel effet. La couleur naturelle du feu me paraît cependant préférable.

Pour faire ces illuminations, on prend des verres de la forme que l'on veut, de deux ou trois pouces de diamètre et de hauteur ; on les peint de différentes couleurs ; et on y met au milieu un petit porte-mèche en fer blanc, garni d'une mèche qui ne soit ni trop serrée ni trop lâche ; on verse de l'huile dans le verre, et on le suspend, en suivant le dessin avec du fil-de-fer passé autour et retourné dessus en anse de panier. Un auteur dit que, pour faire des illuminations de couleur, il faut interposer devant les lumières des bouteilles d'eau colorée, ou bien raper, polir et peindre des racines de corne de bœuf, et les poser sur de petits lampions. Voilà une méthode bien difficile à suivre, et que l'invention des verres de couleur rejette bien loin.

On vend à Paris de ces verres faits exprès, dont la circonférence est taillée à facettes, ce qui est de toute beauté. La couleur étant intrinsèque au verre, la lumière semble se multiplier autant que les facettes. On peut former, avec ces verres, des façades de palais, des arcs de triomphe, des pyramides, des obélisques, des légendes, des chiffres, etc. etc. etc. Je laisse aux architectes et aux peintres la peine de donner les dessins, persuadé qu'ils s'en acquitteront mieux que moi.

On fit à Bordeaux, il y a une quinzaine d'années, une illumination générale. Tous les navires qui étaient dans la rade furent couverts, jusqu'au moindre cordage, d'une prodigieuse quantité de verres de couleur. A Paris, en 1739, depuis le Pont-Neuf jusques à celui des Tuileries, la

Seine était bordée de bateaux dont les mâts et les cordages étaient couverts de lanternes.

Lorsque le général Bonaparte remit au directoire le traité de paix conclu avec l'empereur d'Allemagne, on fit à Paris une illumination générale. Le palais du Luxembourg était couvert de lumières; on avait artistement suivi tous les contours de l'architecture, jusqu'à la partie la plus éminente. Cette magnificence a attiré les regards de tout Paris. Mais, à mon grand regret, j'ai vu les préparatifs infructueux d'un chiffre que l'on avait composé avec un assemblage de lampions, au dessus du télégraphe du Louvre. L'auteur n'avait pas réfléchi qu'à une telle élévation le vent est toujours très-fort, et qu'il était difficile qu'il n'éteignît pas les lumières.

Il y a une manière de composer des chiffres aussi grands et aussi petits que l'on veut, et de les préserver du vent, quelque grand qu'il soit. Je suppose que ce soit un chiffre de douze ou quinze pieds de diamètre; on le dessine sur un plan horizontal; on contourne sur le dessin des tringles de fer quarrées, que l'on double, à la distance nécessaire, pour que la lettre soit dans sa forme; on les lie ensemble avec de petites cloisons de fer mince pris sur champ.

On en fait deux semblables; ce qui forme deux chiffres. On les assemble l'un sur l'autre, à sept pouces de distance, avec de bonnes traverses de fer, et le tout de manière à recevoir sur tout sens un vitrage scellé avec du plomb, observant de laisser, de distance en distance, des vitres ouvrantes, afin d'y introduire des lumières que l'on suspend avec du fil de fer mince. Ce chiffre se monte ainsi sur une forte carcasse de fer qui peut se terminer sur une seule branche que l'on assujettit où l'on veut. Pour plus de variation, on peut peindre les vitres d'une ou de plusieurs couleurs. Il y a même du verre coloré qu'il serait possible d'employer. Par ce moyen, on pourra faire paraître un chiffre à telle hauteur que l'on voudra, sans craindre que le vent, ni même la pluie, en empêchent la réussite. Il faut avoir soin de laisser un peu d'air par le haut; car sans cela les lumières s'éteindraient.

Manière d'illuminer subitement.

Si l'on veut allumer un dessin d'un seul coup, il faut pratiquer des rainures sur toutes les tringles contournées ou les autres pièces qui forment le dessin, les garnir d'étoupille, et les recouvrir de plusieurs bandes de papier collé.

On prépare de la manière suivante autant de boute-feu que l'on a de lampions.

On passe une mèche de trois brins de coton dans du soufre fondu ; on la coupe ensuite par bouts d'un travers de doigt de longueur; et l'on passe un bout d'étoupille, faite de deux brins de coton, dans un petit porte-feu de papier de soie. On introduit à un bout le morceau de mèche soufré, et on l'y arrête avec du fil; on introduit l'autre bout dans la rainure sur l'étoupille de communication, et on attache avec une grosse épingle le bout soufré dans le milieu de la mèche du lampion. Il faut en faire autant à chaque. En présentant le feu à un endroit, il se communiquera rapidement partout, et allumera tous les lampions sans en manquer un seul.

P. d'O. dit, dans son traité, que, pour allumer subitement une grande quantité de lampions, il faut tremper une mèche de coton dans de l'huile d'aspic, et conduire cette mèche sur tous les lampions qu'elle allumera subitement dès qu'elle aura pris feu. Cela est vrai; mais si cette mèche reste seulement un demi-quart d'heure exposée à l'air, elle sèche et ne s'enflamme plus. Or, il est difficile d'être assez habile pour faire ce préparatif à moins de temps, surtout la nuit. On risque beaucoup, comme cela est arrivé, de manquer son illumination, et d'être obligé ensuite d'allumer tous les lampions les uns après les autres.

Nous devons cependant lui savoir bon gré de son invention; elle peut servir dans un endroit clos et fermé, comme sur un théâtre, pour quelque surprise. Comme je l'ai déja dit, une idée en amène une autre.

CHAPITRE VIII.

Manière d'arranger et de distribuer les différentes pièces d'artifice, pour en former des feux qui jouent par ordre et succession.

Il ne suffit pas de composer des pièces d'artifice; il faut encore savoir les arranger et les tirer par succession et par coup de feu, que l'on nomme planton, de manière à en former un spectacle suivi, en commençant toujours par les moindres pièces et finissant par les plus grandes.

Un planton est une façade de plusieurs pièces de front semblables, et qui partent ensemble.

De tous les sujets qui peuvent engager à faire des réjouissances, je n'en vois pas de plus naturel et de plus raisonnable que celui du rétablissement de la paix et de la concorde si nécessaires à la société. De tous les temps, les peuples ont célébré cet heureux jour par des sacrifices et des actions de graces aux dieux.

On lit dans l'histoire romaine, qu'après la défaite des Macédoniens par Paul Emile, auprès du mont Olympe, dans laquelle leur roi Persée fut fait prisonnier, les domestiques des officiers allèrent au devant de leurs maîtres avec des torches allumées, pour les ramener dans leurs tentes toutes luisantes de feux de joie et couronnées de festons de lierre et de laurier; et que Paul Emile donna une fête d'une magnificence extraordinaire, dont les préparatifs durèrent un an, et qui se termina par l'embrâsement d'un grand bûcher dressé avec art et composé des débris de toutes sortes d'armes et des dépouilles des vaincus. Cette anecdote date de 168 ans avant l'ère chrétienne.

Frezier, en parlant de l'origine des feux de joie, fait voir que dans les siècles les plus reculés, le feu a toujours été le symbole de la joie, et en même temps un élément dans lequel on a trouvé quelque chose de grand. Car dans les actes des gouvernements anciens, lorsqu'il s'agissait de faire quelques serments, on jurait par le feu.

Nous devons à cet auteur de longs détails très-instructifs sur l'origine, l'antiquité et la dignité du feu, sur les illuminations et sur l'origine des feux de joie, détails appuyés par des faits historiques qu'on ne lira pas sans intérêt.

Idée des Feux d'artifice en grand pour des Gouvernements.

Lorsqu'il s'agit de donner un feu d'artifice à une grande multitude assemblée, il faut choisir les pièces les plus grandes et les plus marquantes. Les feux d'air sont alors employés avec profusion, et on se contente de les entremêler par quelques grandes girandoles à batterie, quelques caprices pétants, et enfin par un grand soleil fixe qui doit, comme je l'ai dit précédemment, terminer le sommet de la décoration. Je pense, comme Frezier, que je n'ai rien de mieux à faire, pour donner une idée de ce que l'on peut faire en grand, que de rapporter la description des feux d'artifice qui ont été tirés à Paris et à Versailles, en 1739. C'est ce que je vais faire.

Exécution du Feu d'artifice fait devant la maison de ville de Paris, à l'occasion de la paix, en 1739.

Le théâtre était un corps d'architecture en quarré, de quarante pieds de côté, terminé dans sa hauteur par une pyramide de quatre-vingts pieds de haut, couronné pour amortissement d'un globe plein d'artifice, et accompagné de seize grands vases de différentes formes.

Tout l'édifice était bien orné de décorations mêlées de figures et des attributs de la paix, et peints en marbre de différents coloris.

Voici l'ordre avec lequel on fit jouer les artifices dont il était garni.

Après plusieurs salves de vingt pièces de canon et de boîtes, ce brillant spectacle commença par un prodigieux nombre de fusées d'honneur tirées par trois à la fois. Près de cinq cents lances à feu et à saucissons garnissaient et éclairaientles quatre faces du corps du feu.

Trente caisses d'artifice pleines de fusées de doubles marquises, étaient placées sur la grande terrasse, avec plus de cent douzaines de pots à feu ; et, sur la balustrade de la même terrasse, quarante jets, dont vingt à aigrettes, quatre soleils tournants au milieu des quatre faces, et quatre autres sur les angles.

Quatre grands soleils fixes au dessus des quatre tournants, quatre pattes d'oies devant les faces du grand piédestal de la pyramide, avec jets et pots à aigrettes. Au pied de la pyramide, sur les gradins, étaient placés environ cent douzaines de pots à feu, et douze grands pots à aigrettes sur le piédestal des quatre faces de la pyramide, sur le sommet de laquelle étaient trois grands pots à aigrettes groupés, et trois grandes étoiles lumineuses formées par environ deux cents lances à feu. Les quatre faces de la pyramide étaient garnies par environ cinquante autres jets ; et les quatre extérieures du corps du feu, par quatre cascades ou fontaines de feu.

La première girande était composée de six caisses, chacune au moins de vingt douzaines de fusées de doubles marquises.

La seconde, composée de près de trente douzaines de pots à feu, et de six caisses de plus de vingt-cinq douzaines de fusées, toutes en étoiles, douze ballons d'air placés dans l'enceinte, au bas du feu, et douze bombes d'artifice tirées sur des mortiers placés auprès des canons, et pointées sur le feu par où finit le spectacle.

Cette description est tirée du Mercure de France, fait par feu M. de la Roque, anteur très-exact, ainsi que les suivants.

Exécution du Feu d'artifice fait sur le Pont-Neuf, en août 1739.

Le théâtre, qui représentait le temple de l'Hymen, était un édifice à claire voie, d'ordre dorique, en quarré-long, de trente-deux colonnes de quatre pieds de diamètre et de trente-trois pieds de fût : savoir, de huit colonnes sur la face, et de quatre sur le retour, portant au dessus une galerie de cent cinq pieds de long. Deux corps solides étaient construits dans l'intérieur, dans lesquels on avait pratiqué des escaliers. Aux deux côtés de ce temple, le long des parapets du Pont-Neuf, s'élevaient trente-six pyramides, dont dix-huit avaient quarante pieds de haut, et les dix-huit autres en avaient vingt-six. Elles se joignaient par de grandes consoles, et portaient des vases sur leurs sommets.

Le signal pour commencer ce superbe spectacle

de divers genres d'artifices préparés pour la fête, fut donné par les canons de la ville et les boîtes d'artillerie placés sur les bords de la rivière, au bas du quai des Orfèvres. Aussitôt on vit s'élancer dans les airs, de chaque côté du temple de l'Hymen, trois cents fusées d'honneur, d'une grande beauté, tirées douze à douze. Elles partirent des huit tourelles du Pont-Neuf qui font face aux Tuileries; à quoi succédèrent, sur les mêmes tourelles, 180 pots à aigrettes et des gerbes d'artifice dispersées en pyramide.

Une suite de gerbes parut aussitôt sur la tablette de la corniche du pont; et le grand soleil fixe, de soixante pieds de diamètre, parut dans toute sa splendeur au milieu de l'entablement.

Directement au dessous, on avait placé un grand chiffre d'illumination de couleurs différentes imitant l'éclat des pierreries, lequel avait trente pieds de haut; et aux côtés, vis-à-vis les entre-colonnes du temple, on voyait deux autres chiffres d'artifice de dix pieds de haut, en feu bleu, qui faisaient un effet surprenant.

On avait placé sur les deux trottoirs du Pont-Neuf, à la droite et à la gauche du temple, au delà de l'illumination des pyramides, deux cents caisses de fusées de partement, de cinq à six douzaines chacune. Ces caisses tirées cinq à la fois, succédèrent aux fusées d'honneur, à commencer de chaque côté, depuis les premières auprès du temple et successivement, jusqu'aux extrémités à droite et à gauche.

Tout de suite on vit paraître les cascades ou nappes de feu rouge, sortant des cinq arcades de l'éperon du Pont-Neuf, qui semblaient percer l'illumination dont les trois façades étaient revêtues, et dont les yeux pouvaient à peine soutenir l'éclat.

Au même temps le combat des dragons commença, et le feu d'eau couvrit presque toute la surface de la rivière.

Au combat des dragons succédèrent les artifices d'eau, dont huit bateaux, placés avec symétrie parmi les bateaux de lumières, étaient chargés.

Au même endroit, dans un ordre différent, étaient trente-six cascades ou fontaines d'artifice, d'environ trente pieds de haut, dans de petits bateaux, mais qui paraissaient sortir de la rivière. Ce spectacle de cascades, dont le signal avait été donné par un soleil d'eau tournant, avait été précédé d'un berceau d'étoiles produit par cent soixante pots à aigrettes placés au bas de la terrasse de l'éperon.

Quatre grands bateaux servant de magasin à l'artifice d'eau, étaient amarrés près des arches du Pont-Neuf au courant de la rivière, et quatre autres pareils du côté du pont des Tuileries. L'artifice que l'on tirait de ces bateaux consistait dans un grand nombre de gros et de petits barils chargés de gerbes et de pots, qui remplissaient l'air de serpenteaux, d'étoiles et de genouillères. Il y avait aussi un nombre considérable de gerbes à jeter à la main et de soleils tournants sur l'eau.

La fin des cascades fut le signal de la grande girande sur l'attique du temple, qui était composée de près de six mille fusées. On y mit le feu par les deux extrémités au même instant; et au moment qu'elle parut, les deux petites girandes d'accompagnement, placées sur le milieu des trottoirs du Pont-Neuf de chaque côté, composées chacune de cinq cents fusées, partirent; et l'on entendit une dernière salve de canon qui termina cette fête magnifique.

Feu d'artifice tiré à Versailles en 1739.

Il n'y a pas eu de théâtre d'artifice, mais plutôt un grand édifice de cent cinquante toises de long et vingt de hauteur dans sa plus grande élevation, représentant le palais de l'Hymen, dressé dans les jardins de Versailles en face de la grande galerie. Sa forme était en portiques, et circulaire par son plan dans le milieu, avec des retours et avant-corps aux extrémités qui faisaient face aux deux grands bassins, dans le centre desquels on avait formé des rochers illuminés et préparés pour des artifices.

Ce magnifique spectacle commença par le bruit

de cent boîtes ; cent fusées d'honneur succédèrent, qui furent accompagnées de cent autres boîtes. Les forges de Vulcain, qui étaient dans les antres des rochers des bassins sur les pièces d'eau, commencèrent à retentir des coups de marteaux des Cyclopes qui frappaient en mesure et réellement sur de grosses enclumes. Les étincelles couvrirent en un instant les deux bassins d'une prodigieuse quantité d'artifice d'eau.

Par le sommet du rocher sortait un jet de feu brillant de plus de trente pieds de haut, accompagné de quatre autres moins élevés, représentant aux yeux étonnés des torrents de feu, comme d'un volcan.

A cette flamme succéda le grand jet d'eau ordinaire, de quarante-cinq pieds de haut, qui, se mêlant avec les dix-sept jets qui entouraient ces rochers, et qui, s'élançant avec rapidité comme autant de sources vives, firent une confusion et un mélange d'eau et de flammes, qui à la fin consuma entièrement les deux antres.

Ensuite partit le grand feu d'artifice placé derrière la décoration, dans deux cent cinquante caisses et autant de caissons rangés des deux côtés des rampes de gazon qui descendent au tapis verd.

Les fusées des caisses et des pots à feu qu'on voyait partir au travers des arcades de la décoration, les remplissaient d'une clarté vive, mais beaucoup moins effrayante que les feux que l'on venait de voir sortir de l'antre des Cyclopes.

A ce prodigieux artifice succéda le feu brillant qu'on avait placé devant l'illumination. Cette composition ne s'élevant qu'à une moyenne hauteur, plaisait également par ses formes et par sa blancheur éclatante.

Ce feu brillant composait trois décorations distinctes qui se succédaient, l'une remplaçant l'autre, et marquant le plan général de celle devant laquelle il était placé.

Comme les eaux jaillissantes décorent le plus magnifiquement les jardins, on avait donné à ces feux des formes de jets de cascades et de fontaines.

La première décoration offrait aux yeux, à la tête des deux grands bassins, deux belles cascades de feu brillant à deux nappes, surmontées d'une aigrette de vingt-cinq pieds de haut. Elles étaient accompagnées de deux pattes d'oie, chacune de sept jets, et de cinquante jets de chaque côté, de vingt pieds de haut, remplissant toute la façade de la décoration.

La seconde parut sous la forme de quatorze pattes d'oies, de onze jets chacune, dont quatre plus grandes, à la tête des bassins, jetant les unes et les autres le feu liquide à cinquante pieds de haut. Elles étaient entremêlées par des pots à aigrettes, de vingt pieds de haut, jetant, pour terminer, une garniture ou couronne d'étoiles à la hauteur de cinquante pieds, qui remplissait l'air d'une vive et brillante lumière.

La troisième représentait treize fontaines de feu à trois nappes, de vingt-cinq pieds de haut et de trente pieds de diamètre, avec une aigrette chacune, aussi de trente pieds de haut. Il y en avait six en fontaines rondes et six en forme de spirale. La plus grande était placée entre les deux bassins, accompagnée de quatre autres à droite et à gauche.

Les fontaines des combats des animaux en avaient chacune deux; les animaux jetaient en même temps des jets d'eau et de feu; et, entre chacune des fontaines de feu, étaient encore placés de grands jets brillants. Cette décoration finit en jetant en l'air les garnitures des pots à aigrettes; ce qui fit un couronnement d'un éclat surprenant.

A ces trois décorations succéda le départ de douze pots à l'italienne, placés, six de chaque côté, dans le milieu des deux grands bassins, qui remplirent l'air d'une escopéterie merveilleuse. Elle fut le signal pour mettre le feu aux deux girandes qui étaient placées derrière la grande décoration, et qui partirent ensemble au nombre de plus de trois mille fusées.

La bonne disposition des caisses d'artifice que l'on avait penchées à la rencontre l'une de l'autre, fit que les baguettes passèrent des deux côtés des bois, et n'inquiétèrent nullement l'assemblée nombreuse qui était placée sur la terrasse, au dessous de la grande galerie et aux deux côtés du jardin.

Distribution et exécution d'un Feu d'artifice où est employée une partie des pièces décrites au chapitre septième.

Sc. 1.re Une salve d'artillerie.

Sc. 2.e Six douzaines de fusées d'honneur, tirées par couple de chaque côté de la décoration.

Sc. 3.e Douze flammes de Bengale partant ensemble, et distribuées sur la décoration de manière à en éclairer toutes les parties.

Sc. 4.e Deux batteries d'ordonnance opposées, et partant ensemble.

Sc. 5.e Quatre caisses réglées, chacune de deux douzaines de fusées d'un pouce, formant la mosaïque à cinq cents pieds d'élévation.

Sc. 6.e Un planton de huit soleils tournants, du calibre de dix lignes.

Sc. 7.e Un planton de quatre caprices pétants.

Sc. 8.e Deux bombes en pluie d'or et deux en étoiles.

Sc. 9.e La pièce pyrique complette.

Sc. 10.e Douze tourbillons ou fusées de table partant par couple.

Sc. 11.e Un planton de quatre girandoles, deux à mosaïque et deux à chandelles romaines.

Sc. 12.e Une grande sphère.

Sc. 13.e Six bombes, trois en pluie d'or et trois en étoiles, tirées par couple.

Sc. 14.e Deux douzaines de fusées d'honneur, tirées par quatre à la fois.

Sc. 15.e Une grande découpure portant une devise accompagnée de deux parasols chinois, et de deux roues à ronds de feu de couleur.

Sc. 16.e Un planton de quatre caprices tombants.

Sc. 17.e Douze bombes en étoiles, précédées de six douzaines de fusées d'honneur, tirées par douzaine.

Sc. 18.e Le feu guilloché, accompagné d'un planton de huit coups d'ailes, quatre de chaque côté.

Sc. 19.e Une batterie croisée de deux cents mosaïques et autant de chandelles romaines, garnie de marrons, et couronnée par six douzaines de pots à feu.

Sc. 20.e L'illumination de la décoration avec un jeu de quatre brins de mosaïque à tourbillons, suivis de deux caisses de deux cents fusées chacune, d'une salve d'artillerie qui annonce le départ de la girande, composée de mille fusées toutes en pluie d'or.

On était dans l'usage autrefois de faire jouer les artifices sur un théâtre; aussi voyait-on souvent l'incendie succéder au spectacle. Aujourd'hui, on se contente de monter les pièces d'artifice sur de grandes piles de bois montées sur des pieds avec des roulettes; et dès que les pièces sont finies, on les emmène, afin qu'elles n'empêchent pas de voir celles qui jouent ensuite. On les place par ordre en avant de la décoration. Les mortiers et les caisses de bouquet se placent derrière.

Manière ancienne de composer les Feux d'artifice, et de les exécuter.

Les anciens avaient des méthodes, qui nous paraissent actuellement ridicules, pour composer et exécuter leurs feux d'artifice, dont ils tiraient une grande partie à la main, et les dirigeaient sur le peuple, ce qui occasionnait de grands éclats de rire; le reste était monté sur un théâtre, et renfermé en partie dans le corps de quelques figures d'hommes et d'animaux. Ces artifices consistaient en lardons, étoiles, boules de feu imitant des grenades, fusées volantes, etc. Ces pièces étaient en si grand nombre, et tellement entassées les unes sur les autres, que, lorsqu'elles prenaient feu, les éclats de ce qui les entourait tuaient et blessaient une grande partie des assistants, comme le rapporte un auteur ancien. *J'ai vu*, dit-il, *beaucoup de machines artificielles, mais à la vérité bien peu qui aient réussi*; *et il est ordinaire qu'après les grandes acclamations de joie, ce spectacle finit par tuer quelques personnes, et en blesser un grand nombre.*

Cela n'est pas étonnant; tout leur artifice était chargé dans de gros tuyaux de bois percés sans être cerclés ni revêtus de cordes qui les auraient empêchés d'éclater. J'ai cherché à éviter ces accidents; car je n'ai pas employé de bois dans la construction des pots à feu ni des mortiers, ni d'aucune autre espèce d'artifice, en connaissant le danger. Il y a peu d'années que l'on se servait encore en Espagne, au lieu de cartouches faites de carton, de bouts de gros roseaux que l'on recouvrait de toile ou de ficelle, et dans lesquels on chargeait la composition. Je laisse à penser l'effet que doivent produire de tels artifices.

CHAPITRE IX.

Des Artifices à l'usage du Théâtre.

Des Bouffées.

Les bouffées s'emploient au théâtre, ou même dans un feu d'artifice, lorsqu'on veut représenter des gouffres qui vomissent des flammes, ou des antres de Cyclopes. On les prépare de la manière suivante, et on les tire dans un cornet de fer blanc, percé à sa partie inférieure, d'un trou assez grand pour passer une étoupille (pl. 3, fig. 7).

Composition pour les Bouffées.

Salpêtre	16 onces.
Poussier	4
Charbon	8

Lorsque les matières sont bien mélangées, on prépare un morceau de papier de soie, que l'on forme en rond, en le pressant sur le bout d'un rouleau, comme pour faire les chasses des pots à feu; on y met environ une once de composition, sur laquelle on pose légèrement deux gros environ de poussier; on met une étoupille double sur ce poussier, et on ferme le papier en le pressant dans les doigts : on le lie ensuite avec de la ficelle ; on laisse l'étoupille assez longue pour qu'elle puisse passer dans le trou du fond du cornet dans lequel on introduit la bouffée que l'on presse un peu au fond ; l'on coupe l'excédent de l'étoupille jusqu'à un pouce près de l'extrémité du cornet, et l'on y met le feu avec une lance. L'effet des bouffées est d'être d'abord poussées hors du cornet par le poussier, et de produire un tourbillon de feu qui imite assez bien une bouffée de volcan.

On les tire en tenant le cornet d'une main et la lance à feu de l'autre.

Des Eruptions.

Si l'on a besoin, dans une pièce, de l'éruption d'un volcan ou de l'effet d'une mine, on a une boîte de fer blanc, ou mieux encore de tôle ou de cuivre, de trois pouces et demi de diamètre, ronde ou quarrée, et de neuf pouces de hauteur, et posée sur un pied de bois assez large pour qu'elle ne puisse pas se renverser. On y met trois, quatre ou cinq onces de composition de bouffées, plus ou moins, suivant l'effet que l'on veut produire ; on foule un peu la matière avec la main, et on ajoute un bout d'étoupille dessus ; on le prolonge hors de la boîte que l'on ferme avec un morceau de papier collé sur sa circonférence. Il suffit de présenter le feu à l'étoupille ; il se communique rapidement dans la boîte qui pousse une éruption de douze à quinze pieds de haut. On peut les faire plus ou moins fortes, en faisant des boîtes grandes à proportion, ou en en mettant plusieurs ensemble. Si l'on imite l'effet d'une mine, comme dans la pièce *des Faux Monnoyeurs*, il faut mettre quelques gros marrons communiqués avec les boîtes, afin qu'ils partent en même temps.

Des Flammes.

Si l'on veut représenter un incendie dont on desire prolonger un peu la durée, car le feu des étouppes est souvent trop tôt passé, on prend de petites marmites de fer de quatre pouces de diamètre et de profondeur : on y met trois ou quatre onces de composition de lance de service, et on l'humecte avec de l'huile de thérébentine. En y donnant feu, elles fourniront une flamme de trois à quatre pieds de hauteur, et d'un pied et demi de diamètre. On peut aussi en mettre plusieurs, suivant l'usage que l'on se propose.

J'en ai fait de très-fortes, dans des marmites d'un pied de diamètre, et entièrement remplies de matière, qui ont servi à éclairer le public à l'issue d'un feu d'artifice.

De la Pluie de Feu.

On prend des cartouches de sept lignes de diamètre et de dix pouces de long, qu'on étrangle de manière que le trou du dégorgement soit du tiers du diamètre de l'intérieur des cartouches, et on les charge, sans les terrer, avec la composition suivante.

Composition de la Pluie de Feu.

Salpêtre	8 ouces	
Soufre	4	
Poussier	16	
Charbon de chêne	2	4 gros.
Charbon de terre	2	4

Lorsque les cartouches sont chargées, amorcées et blanchies, on les attache, à vingt pouces de distance les unes des autres, sur une tringle qui porte une rainure dans sa longueur ; on y couche une étoupille ; on prolonge de dedans la rainure un porte-feu du pied de chaque cartouche à sa lumière, et on l'y colle ; on lie le porte-feu à la cartouche avec de la ficelle, et on couvre ensuite la rainure de plusieurs bandes de papier. Il faut prendre cette précaution pour le théâtre, afin qu'il ne tombe pas sur la scène de porte-feu enflammé qui pourrait mettre le feu. D'ailleurs, il suffirait d'en voir tomber un pour détruire l'illusion que fait une pluie de feu.

On doit avoir soin de garnir toute la largeur du théâtre ; si une tringle ne suffit pas, on en met davantage.

Autre Composition en feu chinois pour la Pluie de feu.

Salpêtre	8 onces.
Poussier	16
Soufre.	4
Charbon	2
Fonte	10

Cette composition s'emploie pour les grands opéra, comme *Armide*, etc. Elle se charge et se monte comme la précédente.

Des Foudres.

Les foudres se chargent dans des cartouches de fusées de huit lignes, sur une broche de trois pouces de longueur, et de la même manière que les fusées volantes. On les amorce, on les blanchit, et on les attache sur des bouts de cartouches vides ; on les y colle bien, et on les laisse sécher.

Quand on en a besoin, on passe un fil-de-fer

dans la cartouche vide ; on en arrête un bout à l'endroit où la foudre tombe, et l'autre au ciel du théâtre d'où elle doit partir. On y adapte un porte-feu que l'on attache au fil-de-fer avec de la ficelle, et on le tient assez long pour pouvoir y donner feu à la main.

Composition pour les Foudres.

Poussier	6 onces.	
Salpêtre	6	
Soufre	3	
Antimoine	»	4 gros.

Des Dragons et autres Monstres.

Il y a certaines pièces dans lesquelles on fait paraître des monstres. Il suffit, pour leur faire jeter du feu par la gueule, le nez et les oreilles, d'atcher derrière, sur les voliges, des cartouches chargées en feu brillant, et communiquées pour qu'elles prennent feu toutes ensemble.

On pourrait aussi faire jeter des bouffées par la gueule du monstre, en tirant un cornet derrière. Ces sortes de choses sont si susceptibles de variation, qu'il suffit de connaître la manière de composer l'artifice, pour qu'il naisse mille idées d'arrangement.

Des Eclairs.

Le lycopodium est la composition la plus propre à former des éclairs. L'arcanson sert à défaut du premier, ou lorsque les artistes veulent ménager leur bourse. J'ai vu même se servir de résine réduite en poudre impalpable, et jetée sur de la flamme qui imitait assez bien l'éclair. Il y a différentes eaux que l'on lance avec des seringues sur des lumières, et qui font le même effet; mais la difficulté de les préparer et de les employer, a fait préférer le lycopodium que l'on trouve facilement à Paris.

On a une torche de fer blanc ou de cuivre, creuse intérieurement pour contenir la matière, et fermée à sa partie supérieure par un couvercle percé comme la pomme d'un arrosoir. On attache au milieu une grosse mèche de coton bien imbibée d'esprit de vin (pl. 3. fig. 11.); et, lorsqu'elle est allumée, il suffit de secouer la torche en contre-bas, pour que la matière, qui est dedans, passe en petite quantité à travers les trous et s'enflamme subitement.

Je joins ici une composition d'eau ardente pour les personnes qui voudront s'en amuser.

On met dans une cornue deux pintes de bon vinaigre, une poignée de tartre de Montpellier et autant de sel commun, avec une demi-poignée de salpêtre. On fait distiller ces matières; on en tire une eau qui fera l'effet des éclairs, comme je viens de le dire.

Artifice de Démolition.

Lorsque dans une pièce il y a des écroulements de palais, de forts ou de châteaux, on forme des tringles garnies d'une vingtaine de pétards faits avec des cartouches de fusée volante de neuf lignes, chargées en poudre grainée, et étranglées des deux bouts. On les communique en zigzag (fig. 3. pl. 9.). Cette suite d'éclats fait un bon effet, et rend le coup de théâtre plus bruyant et plus vrai. Les artistes intelligents peuvent employer des artifices bien à propos dans certaines pièces, où souvent il semble qu'il reste quelque chose à desirer.

CHAPITRE X.

Des Feux de table et de leurs compositions.

Les feux de table consistent à faire, en petit, une grande partie de ce que l'on exécute en grand. Mais comme ces sortes d'artifices se tirent sur une table dans un appartement, il faut que les cartouches soient d'un très-petit calibre, et leur feu peu volumineux, afin de n'incommoder personne. On fait les cartouches d'une ligne et demie de diamètre, et on se sert de bonne poudre d'arquebuse, qui fait moins de fumée que la poudre de guerre. Ces petits artifices se montent sur des affûts de carton, que l'on colle et contourne de la figure que l'on veut. On fait des fruits artificiels qui contiennent de petites gerbes, et même de petits caprices.

Pour un jeu de surprise, on a des pots à feu d'un pouce de diamètre, que l'on remplit de bombons et de devises.

Les découpures sont très-jolies en petites décorations à quatre faces, et garnies intérieurement de soleils pour les éclairer.

Comme la manière d'établir les feux de table est la même que pour ceux de spectacle, je me contenterai de donner seulement leur composition; car leur arrangement et leur exécution sont les mêmes que les précédents, excepté que l'on aura soin de proportionner la grosseur de la mèche à celle des cartouches.

Feu brillant.

	onces.	gros.
Poussier	16	
Limaille d'acier fine	2	4

Jasmin.

Poussier	16 onces.	
Salpêtre.	«	4 gros.
Soufre	«	4
Limaille ſine de ressort	2	4

Aurore.

Poussier	16 onces.
Poudre d'or	2

Blanc.

Poussier.	16 onces.
Salpêtre.	6
Soufre.	1

Rayonnant.

Poussier	16 onces.	
Limaille d'aiguilles	1	4 gros.

Pluie d'argent.

Poussier.	16 onces.	
Salpêtre.	«	4 gros.
Soufre.	«	4
Limaille d'aiguilles	2	

Chinois.

Poussier	18 onces.
Soufre	2
Salpêtre	1
Fonte du 1.er n.°	5

Des Feux d'eau.

Comme on n'a rien changé à ces artifices depuis longues années, et que je ne pourrais que répéter ce qu'on a déjà dit, voyez l'Essai sur les feux d'artifice, par Périnet d'Orval, publié en 1745: il contient une description exacte qui donne très-bien la manière de composer et d'exécuter les feux d'artifice qui doivent faire leur effet dans l'eau et sur l'eau.

CHAPITRE XI.

Des Feux d'artifice pour la guerre sur mer et sur terre.

Des Pots à Feu.

Les pots à feu (pl. 11, fig. 12) étaient fort en usage autrefois dans la défense des places; on en jetait en grande quantité dans les travaux des assiégeants, qui causaient beaucoup de ravages.

Aujourd'hui ces sortes d'artifices ne sont plus employées qu'à la mer, pour l'armement des corsaires ou des bâtiments qui vont dans l'Inde, pour se défendre contre les pirates.

On prend un pot de terre qui ait deux anses, de la grandeur que l'on veut; on le garnit en dehors avec une carcasse de gros fil-de-fer dont on laisse quatre bouts assez longs pour pouvoir les assembler par dessus, lorsque le pot est chargé; on fait une composition de six livres de poudre grainée, deux livres de poussier, une livre de salpêtre, une demi-livre de soufre et dix onces de charbon; et, après avoir chargé et amorcé autant de grenades que le pot peut en contenir, on y met au fond deux doigts de composition, sur laquelle on pose un lit de grenades; on remet deux doigts de composition que l'on foule un peu avec la main, et dans laquelle on ajoute plusieurs morceaux de roche à feu, quelques brûlots et bouts de lances à feu coupés et amorcés; on réitère un lit de grenades, un lit de composition mêlée de roche à feu, et ainsi jusqu'à ce que le pot soit entièrement rempli; on le ferme avec un tampon de liége, sur lequel on coule du brai bien chaud, pour fermer entièrement le pot de manière qu'il n'ait pas d'air; on le recouvre ensuite avec un parchemin que l'on lie autour du col; après quoi on rejoint les quatre bouts de fil-de-fer, que l'on attache ensemble à un anneau, au-dessous duquel on lie quatre bouts de mèche à canon amorcée ; on serre le pot dans une caisse faite exprès pour le contenir, et dans laquelle il ne doit pas balotter : pour plus de sûreté, on le garnit autour avec l'étoupe, que l'on serre un peu à la main.

Lorsqu'on veut s'en servir, on sort le pot de la caisse, et, après avoir bien allumé les quatre bouts de mèche, on passe une corde dans l'anneau, et on l'amène au bout de la grande vergue.

Dès que le bâtiment ennemi s'approche pour tenter l'abordage, comme font pour l'ordinaire les pirates, on coupe la corde, et le pot tombe à leur bord, où il se brise : les bouts de mèche allumés mettent le feu à la matière répandue, et à tout ce que le pot contient. Tandis que les grenades tuent l'équipage et fracassent le bâtiment, la roche à feu et les brûlots y mettent le feu. L'effet en est bien plus terrible, lorsqu'il tombe à l'entrepont qu'ils ont toujours bien soin de fermer.

Il est arrivé, il y a quelques années, une aventure fort singulière, et qui est une preuve certaine du génie de celui qui a imaginé le stratagême. Un navire de Bordeaux revenant de l'Inde, fut rencontré par des pirates qui lui donnèrent la chasse pendant plusieurs heures ; enfin, voyant qu'il n'y avait pas moyen d'échapper, l'équipage se préparait à une défense opiniâtre que l'on oppose souvent en vain à un nombre supérieur et mieux armé, lorsqu'un maître à bord s'avisa de garnir des pots de terre avec des mèches, et de les pendre tout allumés aux vergues, comme de véritables pots à feu. Les pirates, qui craignent ce genre de défense, s'imaginant alors que le bâtiment leur serait supérieur en force, virèrent de bord, et abandonnèrent une proie dont ils se seraient emparés assurément, s'ils avaient eu un peu plus de témérité.

Tout l'équipage doit à cet habile marin son salut et celui du bâtiment.

Des Grenades.

La grenade est une espèce de petite bombe de même diamètre ou calibre qu'un boulet de quatre livres, laquelle pèse environ deux livres, et qui est chargée de quatre ou cinq onces de poudre.

Les grenades sont d'un usage plus ancien que les bombes. On s'en servit au siége de Rouen, en 1562. Il y avait déjà plus de cinquante ans qu'elles étaient connues, lorsque les bombes furent inventées ; c'est ce qui se prouve, dit le P. Daniel, par les mémoires de M. du Bellai de Langey, qui, en parlant, sous l'an 1537, des préparatifs que l'on faisait en Provence, pour résister à l'empereur Charles V, dit qu'on envoya à Arles lances, pots et grenades, dont ils firent faire grande quantité.

Les grenades se jettent à la main. On les tire aussi quelquefois avec de petits mortiers destinés à cet effet. Elles ont une lumière comme la bombe, et une fusée de même composition. Le soldat met, avec une mèche, le feu à la fusée, et il jette la grenade dans le lieu qui lui est indiqué. Le feu prenant à la poudre de la grenade, son effort la brise et la rompt en éclats qui tuent ou estropient ceux qu'ils atteignent. Le soldat ne peut guères jeter la grenade qu'à la distance de quinze ou seize toises.

Les fusées des grenades doivent avoir deux pouces six lignes de longueur, dix lignes de diamètre au gros bout diminué de trois lignes à un demi-pouce au-dessous de la tête, six lignes au petit bout, et la lumière de deux lignes. Saint-Remi prescrit, pour la composition de la matière propre à remplir ces fusées, une livre de poulverin bien tamisé et bien fin, une once et demie de salpêtre en farine, et une once de soufre.

Il faut pouvoir compter depuis un jusqu'à vingt-cinq pendant la durée de la fusée.

Lorsque les fusées sont introduites dans les grenades, il faut faire fondre de la poix noire, et saucer la tête de la fusée dedans, puis la tremper dans l'eau. Avec cette précaution, jamais la composition ne se gâte, à moins que l'ampoulette ou le bois de la fusée ne pourrisse.

Leblond observe qu'avant d'introduire la fusée

dans la grenade ; il faut, comme dans les fusées des bombes, avoir attention de couper le petit bout de biais ou en pied de biche, afin que le culot, qui peut avoir quelques parties saillantes ou élevées dans l'intérieur de la grenade, n'empêche point la fusée de mettre le feu à la charge. (La fig. 10, pl. 11, est celle d'une grenade allumée). J'observerai aussi à mon tour qu'il faut, avant de saucer la fusée dans la poix noire, la bonneter avec un rond de parchemin.

Les grenades ne sont plus guères en usage que sur mer. Voici la composition dont j'ai toujours chargé leurs fusées :

Poussier.	16 onces.
Salpêtre.	6
Soufre.	4

Des Flacons à feu.

On prend un flacon de verre, comme la fig. 5, pl. 11, le représente : on le charge de poudre grainée mêlée de roche à feu, et on introduit dans le col une fusée de grenade chargée ; on recouvre ce flacon de toile bien cousue, dans laquelle on fera entrer quelques grands clous ou morceaux de féraille, et l'on trempe ensuite le tout dans la poix noire fondue. Ces flacons sont très-meurtriers, et se jettent comme les grenades. Lorsqu'on veut faire usage des uns et des autres, il faut enlever, avec la pointe d'un couteau, le parchemin qui couvre la composition, et y donner feu avec une lance enflammée.

Des Trompe-Route.

On nomme trompe-route une grosse lance à feu, d'un pouce de diamètre et de quinze pouces de long, fixée au milieu d'une planche de liége qui sert à la faire flotter sur l'eau. Cet artifice s'emploie à la mer, lorsqu'on est chassé la nuit par un ennemi plus fort que soi. On allume la lance, et on la descend sur l'eau où elle flotte. On doit alors éteindre toutes les lumières qui sont dans le navire, et cingler à droite ou à gauche, en changeant de route. L'ennemi, trompé par ce feu qu'il croit être dans le bâtiment, fait force de voiles pour l'atteindre, et est fort étonné de voir que c'est un artifice qui brûle sur l'eau, et que la proie est échappée. Ce trompe-route (pl. 11, fig. 4) doit être aussi trempé dans la poix noire, ou mieux encore, dans un vernis incombustible; car la poix noire le ferait enflammer trop vite, et l'empêcherait de durer assez longtemps.

Des Mèches.

Je renvoie à la page 25 de ce Traité, où j'ai parlé de la mèche militaire ou corde à feu.

Des Carcasses et Chemises à feu.

Les carcasses s'emploient à bord des navires, au lieu de bombes, et se jettent lorsque l'on est à l'abordage, par le moyen d'une corde passée dans une poulie au bout de la grande vergue. Voyez pour leur construction l'Artillerie raisonnée de Leblond.

Les chemises à feu sont de petits sacs que l'on remplit de poudre grainée, de brûlots et de roche à feu, et que l'on trempe encore dans de la roche à feu fondue. Ces chemises se mettent au milieu des grands pots à feu parmi les grenades. Rien n'est plus incendiaire.

Des Brûlots.

On prend de gros chanvre : on en fait une corde grosse comme le doigt et de quatre pouces de long environ, en le roulant dans la main. On trempe cette corde dans du soufre fondu, et ensuite dans de la roche à feu aussi fondue, puis dans une pâte très-liquide de poussier et d'eau-de-vie, et on les laisse sécher.

Des Dards enflammés.

On prend une cartouche de fusée volante, d'un pouce de diamètre extérieur ; on la charge jusqu'au massif comme une fusée ordinaire ; on y met ensuite une cuillerée de terre et trois cuillerées de composition de lance à feu ; on la sort de dessus la broche, et on perce avec une vrille un petit trou qui pénètre dans la composition, à une demi-ligne près de la terre. On y introduit un bout d'étoupille que l'on colle avec de la pâte sur la composition de lance à feu, afin que, lorsque la fusée aura terminé son vol, elle puisse, par ce trou, mettre le feu à la composition inflammatoire dont sa tête est chargée.

On attache contre, un dard en fer très-aigu, et l'on équipe ensuite la fusée d'un pot, d'un chapiteau et d'une baguette (pl. 11, fig. 6.).

Ces fusées à dard enflammé se tirent à bord des bâtiments pour leur défense. Leur effet est de mettre le feu partout où ils s'accrochent, soit aux voiles, soit aux cordages. On se sert, pour les tirer, de caisses semblables à celle de bouquet, excepté qu'elles sont posées sur un pivot pour les pointer à volonté.

De la Roche à feu.

On prend deux livres de soufre en bâton, que l'on fait fondre dans un vaisseau de terre vernissé, sur un feu doux. Lorsqu'il est fondu, on y ajoute, en remuant bien, une demi-livre de salpêtre et autant de poussier. Lorsque le mélange est bien compacte, on retire le plat de dessus le feu, et on ajoute dans la composition six onces de poudre grainée, et l'on remue encore pour bien incorporer la poudre.

Des Pots à feu incendiaires.

Les pots à feu incendiaires diffèrent des pots d'ordonnance pour les feux de joie, en ce qu'ils sont en cuivre, que leurs chasses sont plus fortes, et qu'au lieu d'étoiles, on y met de petits morceaux de roche à feu que l'on a auparavant trempés dans de la pâte de poussier et d'eau-de-vie, et laissé sécher. Ils ne s'emploient qu'à la mer, lorsqu'on veut incendier un bâtiment. On les fait du calibre que l'on veut. (La fig. 11, pl. 11, représente un brin de cinq de ces pots.)

Explication de quelques Figures.

Les figures 1 et 2 de la planche 9, représentent deux pièces de goût : la 1.re est composée de trois spirales, ou vis sans fin, garnies de lances blanches et tournantes, ainsi que les trois roues qui sont aussi garnies chacune de trois S en lances blanches: la 2.e est une espèce de grand caprice garni de deux roues latérales, d'une petite girandole pour couronnement, et de quatre ailes en contre-bas qui font tourner toute la pièce horizontalement sur un pivot.

La figure 1.re de la planche 11, représente un canon de campagne.

La 2.e, un canon marin.

La 3.e, un mortier de batterie à chambre sphérique.

La 7.e, un boute-feu garni d'une mèche.

La 8.e, une bombe.

La 9.e, une carcasse.

Onguents pour la Brûlure.

Comme il peut arriver qu'en faisant des expériences on soit surpris par les artifices, et que l'on se brûle, il est bon d'avoir un secret prompt et infaillible pour se guérir; il n'est personne de tous ceux qui traitent de ces matières qui n'ait pris la même précaution.

I. Faites bouillir du sain de porc frais dans de l'eau commune, sur un feu modéré, et, après l'avoir tiré du feu, exposez-le au serein pendant trois ou quatre nuits; ensuite, mettez-le dans un vaisseau de terre pour le faire fondre à petit feu; et, quand il sera fondu, coulez-le à travers un linge sur de l'eau froide; lavez-le plusieurs fois avec de l'eau claire et fraîche, jusqu'à ce qu'il devienne blanc comme la neige, et mettez-le dans un vaisseau de terre pour vous en servir dans l'occasion.

L'usage en est aisé : vous n'avez qu'à oindre la

partie brûlée le plus tôt que vous pourrez, et vous en verrez dans peu un effet admirable.

II. Prenez de l'eau de plantain et de l'huile de noix, et frottez-en la partie brûlée.

III. Prenez de l'eau de mauves, de l'eau rose et de l'alun de plumes, parties égales, que vous mêlerez bien ensemble avec un blanc d'œuf.

IV. Prenez de la lessive faite avec de la chaux vive et de l'eau commune; ajoutez-y un peu d'huile de chenevis, d'huile d'olive, d'huile de lin et quelques blancs d'œufs; mêlez bien le tout ensemble pour en frotter votre brûlure.

Tous ces onguents guérissent les brûlures, sans faire aucune douleur et sans laisser aucune cicatrice.

FIN.

TABLE DES MATIÈRES

CONTENUES DANS CE TRAITÉ.

FIN DE LA TABLE DES MATIÈRES.

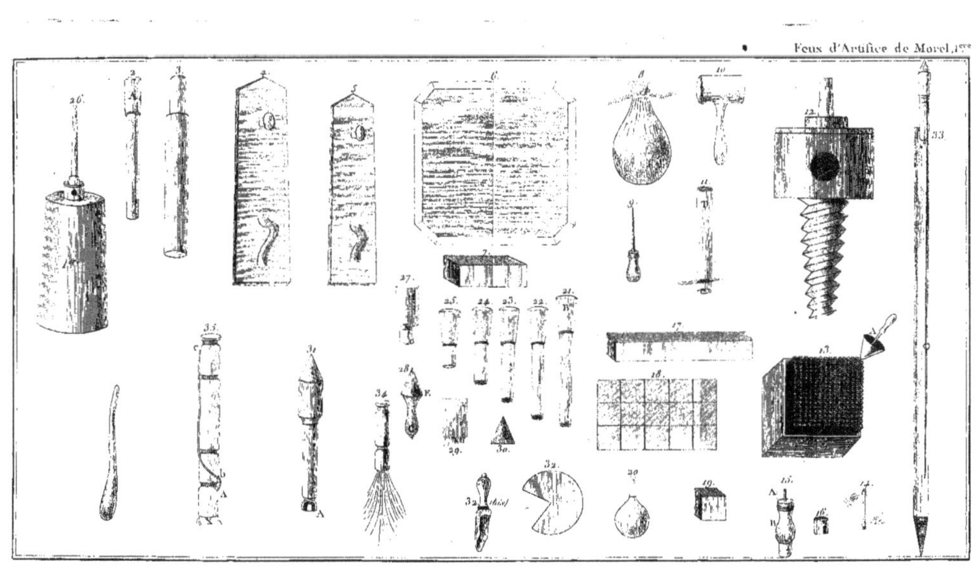

Feux d'Artifice de Morel, 1re

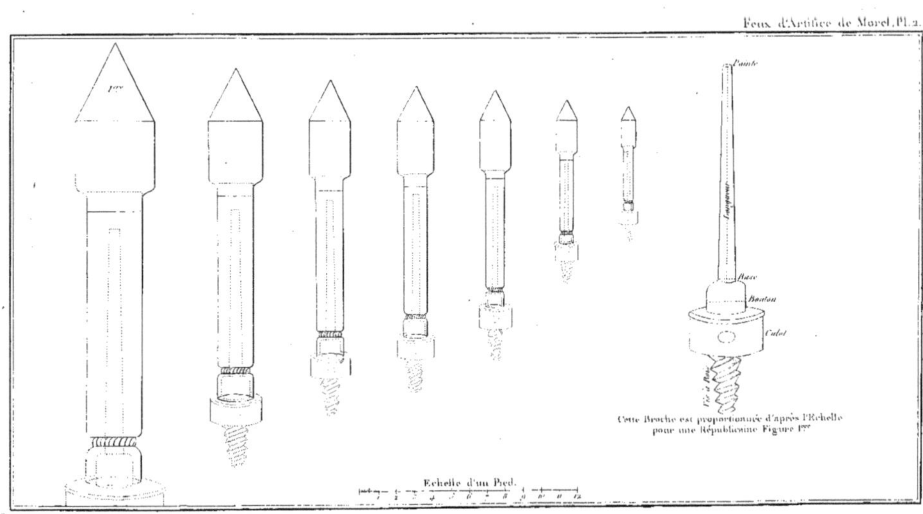
1re
Pointe
Longueur
Base
Bouton
Culot
Vis à Bois
Cette Broche est proportionnée d'après l'Echelle
pour une Républicaine Figure 1re
Echelle d'un Pied.

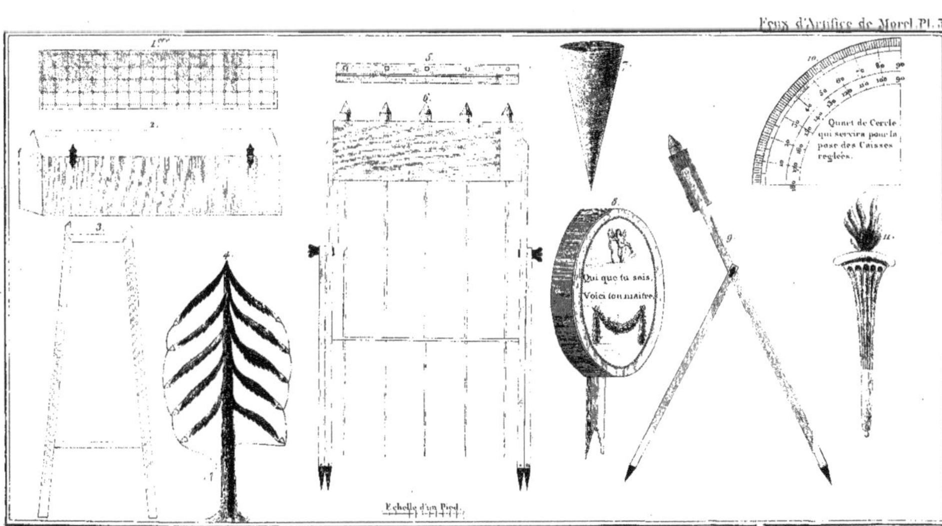
Feux d'Artifice de Morel. Pl. 3.
Quart de Cercle qui servira pour la pose des Caisses reglées.
Qui que tu sois,
Voici ton maître.
Echelle d'un Pied.

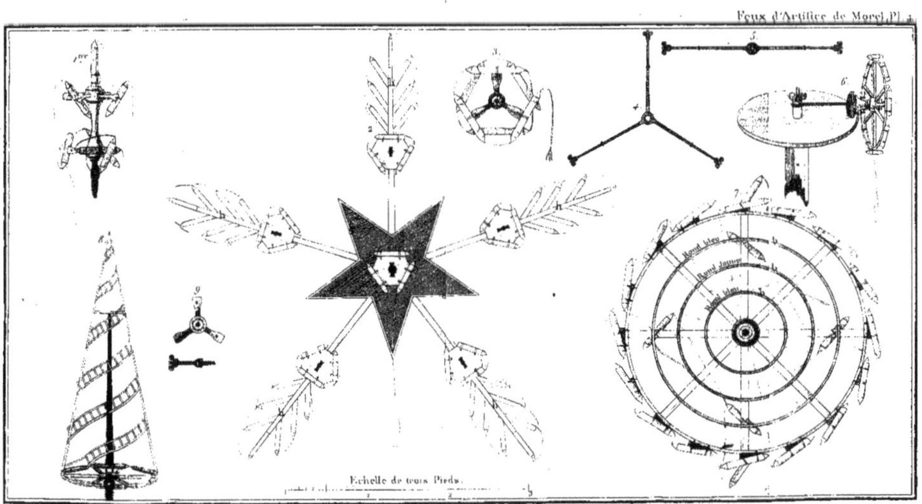
Rond bleu
Rond Jaune
Rond bleu
Echelle de trois Pieds.

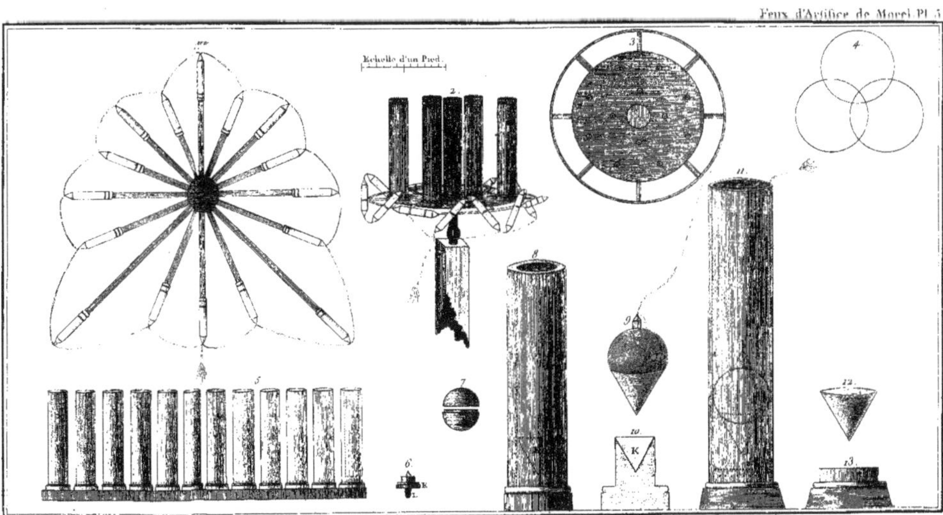
Echelle d'un Pied.
2.
3
4.
5
6.
K
L
7
8
9
10.
K
11.
12.
13.

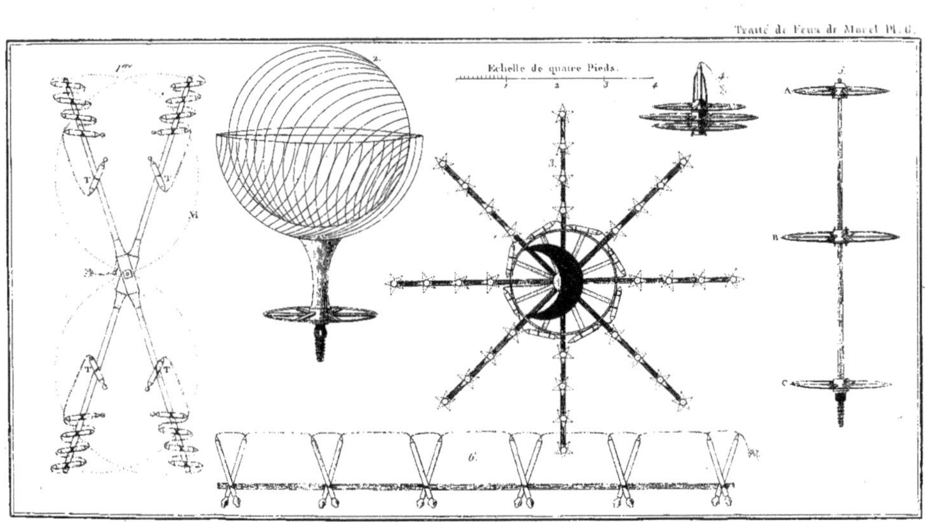
1re
2.
Echelle de quatre Pieds.
1
2
3
4
3.
4.
5.
A
B
C
T
T
T
T
M
6.

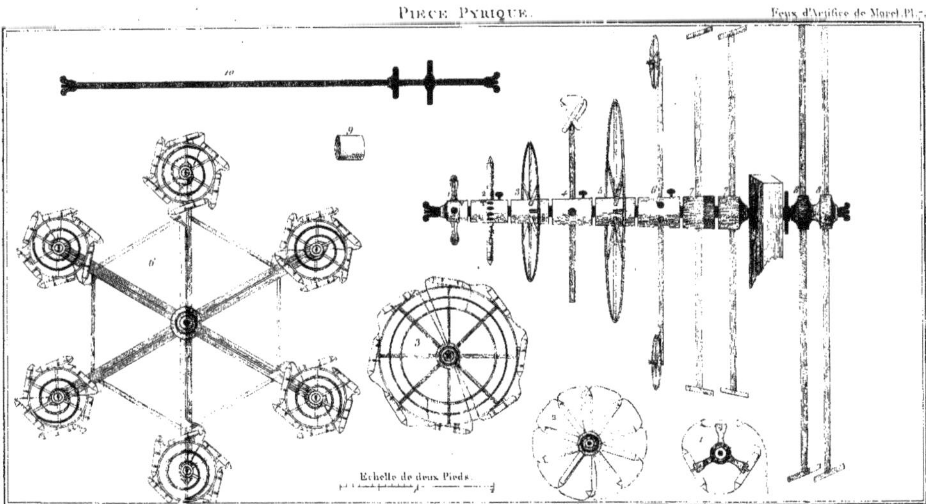
Piece Pyrique.
Feux d'Artifice de Morel. Pl. 7.
Echelle de deux Pieds.

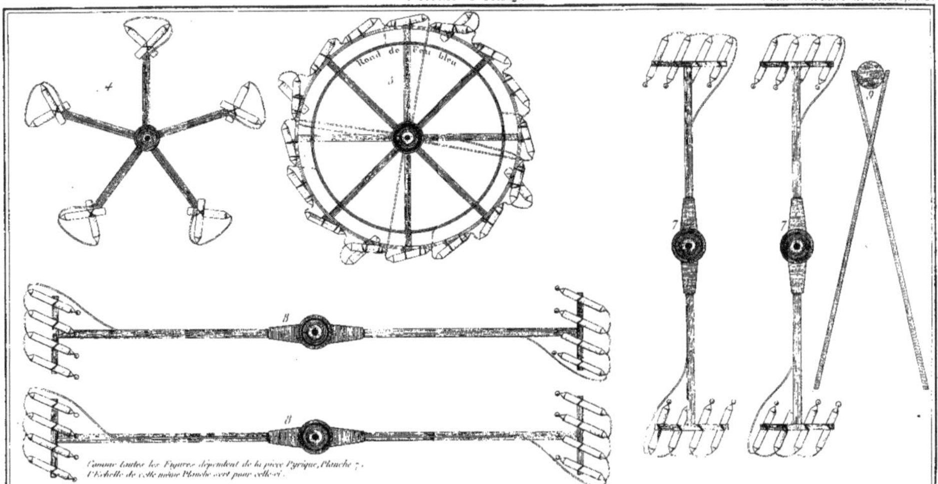

Comme toutes les Figures dépendent de la piece Pyrique, Planche 7, l'Echelle de cette même Planche sert pour celle-ci.

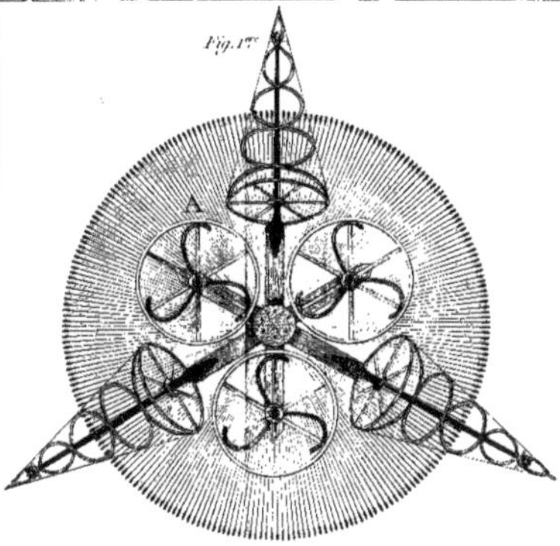

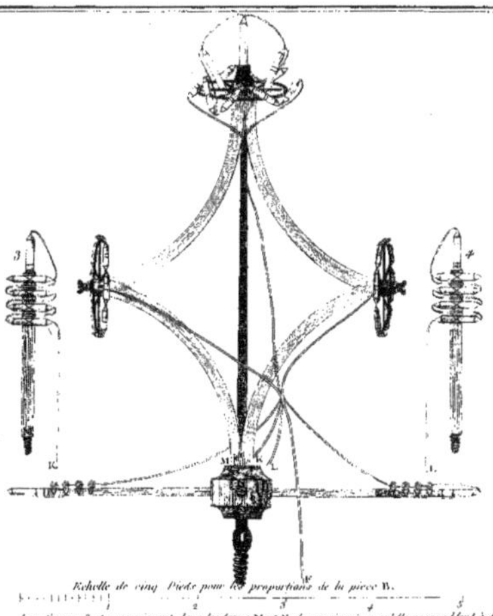

Fig. 1.re

Echelle de douze Pieds pour les proportions de cette pièce A.

1 2 3 4 5 6 9 12

Le rayonnant qui forme le fond, est l'effet d'une roue placée derrière sur le poteau, et à l'opposé de la pièce.

Echelle de cinq Pieds pour les proportions de la pièce B.

1 2 3 4 5

Les figures 3 et 4 se missent dans les trous M et N de manière à ce qu'elle ressemblent à des ailes de moulin étant placées horizontt.
Les porte-feu K et L se communiquent avec ceux de la pièce K et L, le porte-feu Y est celui qui communique à la pièce.

Gallo Sculp.

Feux d'Artifice de Morel, Pl. 11 et dernière.

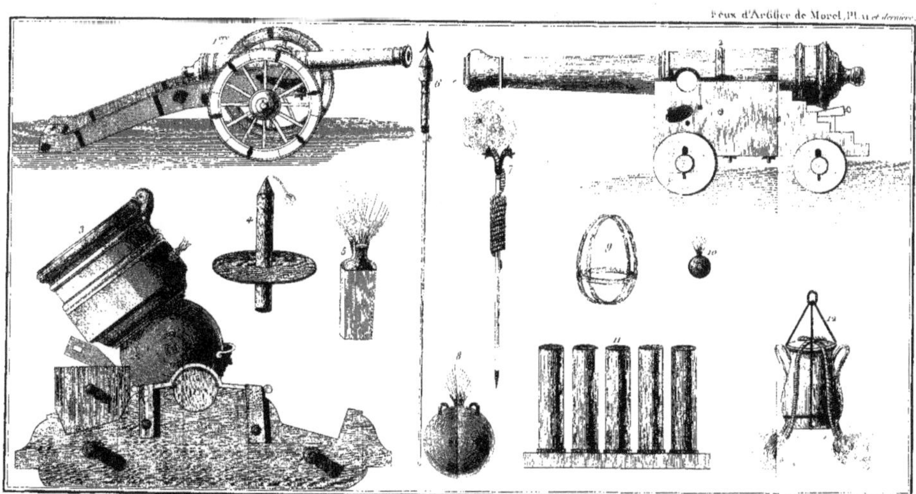

www.ingramcontent.com/pod-product-compliance
Ingram Content Group UK Ltd.
Pitfield, Milton Keynes, MK11 3LW, UK
UKHW021142260726
13994UKWH00001B/267

9 782329 453422